The Complete Book of Leopard Gecko Health and Disease

病気にさせない最適な飼育

ヒョウモントカゲモドキの健康と病気

病気にさせない最適な飼育

ヒョウモントカゲモドキの健康と病気

CONTENTS

- 4 　はじめに
- 5 　Ⅰ ヒョウモントカゲモドキについて
- 17 　Ⅱ ヒョウモントカゲモドキを購入する時の注意点
- 21 　Ⅲ ヒョウモントカゲモドキを迎え入れる準備
- 47 　Ⅳ ヒョウモントカゲモドキを迎え入れたら
- 63 　Ⅴ 餌とサプリメント
- 75 　Ⅵ ヒョウモントカゲモドキに楽しい生活を送ってもらうために

CONTENTS

- 81 Ⅶ 繁殖
- 91 Ⅷ 動物福祉
- 101 Ⅸ 健康チェックと動物病院への受診の仕方
- 110 Ⅹ ヒョウモントカゲモドキの病気
- 146 Ⅺ ヒョウモントカゲモドキの品種
- 191 Ⅻ 参考・引用文献

はじめに

　ヒョウモントカゲモドキとは、どんな生物でしょうか。
　脊椎動物？　爬虫類？　トカゲ？　ヤモリ？　ペット？　いろいろな答えが返ってきそうですね。学問的に言えば、脊椎動物門爬虫綱有鱗目トカゲ亜目ヤモリ下目ヤモリ科の生き物ということになります。生物学に興味がなければ、単に可愛いペットということになるのでしょうか。いずれにしても大切なことが1つあります。「彼らもわれわれと同じように生きていて、ちゃんと感情がある」ということです。何もすることがなければつまらないだろうし、おいしそうな餌を見つければテンションが上がるでしょう。嫌なことをされたら怒るし、安心感や嬉しいという感情もきっと持っていて、私たち人間が感じることは、同じように彼らも感じることができるはずです。彼らは昨日のことを思い出して反省することはないかもしれないし、人間のように明日のことを心配することもないかもしれません。しかし、それすら実際にはわかりません。
　ですから、ヒョウモントカゲモドキを飼育するにあたり、飼育設備を揃える時・餌を選ぶ時・お世話をする時・触れ合う時、いつでも彼らの気持ちになって、人に飼育されるという運命の中で、少しでも彼らにとっても楽しく、ハッピーな生涯を送ることができるように心がけてください。彼らを飼育することで、われわれが幸せな思いをしたり、癒されたりするならば、同じように彼らにも幸せな生活を提供してあげてください。ヒョウモントカゲモドキという生き物はたくさん売られていますが、あなたが手に入れたその子は世界に1匹しかいません。飼い主と、一緒に暮らす生き物の双方にとって、幸せな毎日を過ごすことができれば、素敵なパートナーとして一緒に生活することができるのではないでしょうか。
　本書が、飼育者とヒョウモントカゲモドキ双方にとって、幸せな生活を送るために少しでもお役に立てれば幸いです。

I
ヒョウモントカゲモドキについて

Ⅰ ヒョウモントカゲモドキについて

ヒョウモントカゲモドキってどんな生き物？

　ヒョウモントカゲモドキはヤモリの仲間です。しかし、日本で普通に見かけるヤモリのように、ガラス面に張り付くことのできない地表棲のヤモリです。

　野生では、インド北西部からパキスタンを経てアフガニスタン南東部、ネパール南西部あたりに分布していて、パキスタンやアフガニスタンでは標高2000mを超えるような所にも生息しています。完全な砂漠ではなく比較的乾燥した土地で、岩が転がっていたり、草がまばらに生えているような場所に生息しています。活動するのは主に夜で、日中の日差しの強い時間には岩の下や土の中の巣穴で生活し、日が暮れて霧が立ち込め、一時的に湿度が高くなるような時間帯に地上へ出てきて活動するようです。夜行性といっても暗くなってから明け方まで、ずっと地上へ出て活動しているわけではありません。餌を求めて地表を歩き回りますが、捕食者に狙われる危険もあります。このため、無駄に活動時間の間、ずっと地上を歩き回るのではなく、目的を持って隠れ家から出てきます。また、気温が下がる季節には活動する時間は少なくなり、生息地によっては、休眠のような状態になるものもいます。このような時期を過ごした後に繁殖期が訪れます。

　元々、ヒョウモントカゲモドキがペットとして流通し始めた時代では、主に野生から捕獲されたものが輸入販売されていましたが、現在流通しているもののほとんどは、野生個体から何世代も交配を重ねて作出された品種（品種とは、人が利用できる形質が、ある程度均一で、その均一性と形質とが世代を経過しても維持できる生物群のこと。生物分類学上の単位ではありません）と言ってよいでしょう。これらの品種は、いろいろな模様が楽しめるだけでなく、飼育・繁殖されたものなので、野生で捕獲されたものとは異なり、飼育環境に適応しやすく、野生個

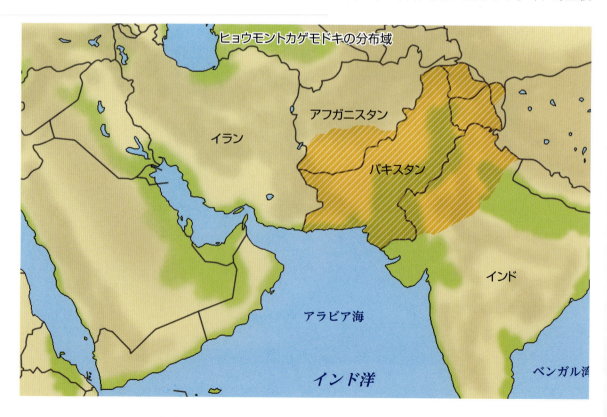

ヒョウモントカゲモドキの分布域

I ヒョウモントカゲモドキについて

砂礫地帯（乾いた草原で岩や小石の砂漠地帯）の岩の隙間にいるヒョウモントカゲモドキ。夜は岩穴の奥から出て活動し、昼は岩穴の奥で休む

張り付くニホンヤモリ。同じヤモリの仲間でも、ヒョウモントカゲモドキは壁に張り付くことはできない

こちらは日本固有のタワヤモリ。壁面や岩壁・樹木が活動場所。ヒョウモントカゲモドキは地表で主に活動する

体に比べて入手時から比較的飼育しやすいという利点があります。しかし、飼育繁殖されたものとはいえ、全く野生の本能を失ったわけではなく、ヒョウモントカゲモドキという種の特性も、しっかり兼ね備えています。

寿命

　ヒョウモントカゲモドキの寿命は、一般に、飼育下では平均すると10年前後です。20年以上生きた例もあり、ペットとしては長生きな生き物と言えます。ただし、これは健康的に育て、病気などにならなかった場合の寿命です。何らかの病気に陥ったり、頻繁に産卵させて、体力の消耗が激しいメスや、ストレスが大きくかかるような環境で飼育している場合には、これよりずっと寿命が短くなってしまうこともあります。餌の与え過ぎによる肥満も、寿命を縮める

原因になりかねないので注意しましょう。

ヒョウモントカゲモドキの分類

脊椎動物門爬虫綱有鱗目トカゲ亜目ヤモリ下目に属するトカゲで、ヤモリ科に分類されたり、トカゲモドキ科とされたり、学者によっていくつかの意見があるようです。科より下の分類としては、オマキトカゲモドキ属（*Aeluroscalabotes*）・アメリカトカゲモドキ属（*Coleonyx*）・トカゲモドキ属（*Eublepharis*）・キョクトウカゲモドキ属（*Gonyurosaurus*）・ニシアフリカトカゲモドキ属（*Hemitheconyx*）・ヒガシアフリカトカゲモドキ属（*Holodactylus*）の6つの属に分けられます。このうちヒョウモントカゲモドキは、ヒガシインドトカゲモドキ・オバケトカゲモドキ・ダイオウトカゲモドキ・トルクメニスタントカゲモドキ・サトプラトカゲモドキとともに、トカゲモドキ属に属しています。ヒョウモントカゲモドキ（*Eublepharis macularius*）は、さらに *E. m. macularius*（マキュラリウス）、*E. m. afghanicus*（アフガン）、

ヒョウモントカゲモドキの分類

脊椎動物門 ── 爬虫綱 ── 有鱗目 ── トカゲ亜目 ── ヤモリ下目 ── ヤモリ科（もしくはトカゲモドキ科）

- オマキトカゲモドキ属（*Aeluroscalabotes*）
- アメリカトカゲモドキ属（*Coleonyx*）
- トカゲモドキ属（*Eublepharis*）
  - ヒョウモントカゲモドキ（*Eublepharis macularius*）
    - *E. m. macularius*（マキュラリウス）
    - *E. m. afghanicus*（アフガン）
    - *E. m. fasciolatus*（ファスキオラータス）
    - *E. m. montanus*（モンタヌス）
    - *E. m. smithi*
  - ヒガシインドトカゲモドキ
  - オバケトカゲモドキ
  - ダイオウトカゲモドキ
  - トルクメニスタントカゲモドキ
  - サトプラトカゲモドキ
- キョクトウカゲモドキ属（*Gonyurosaurus*）
- ニシアフリカトカゲモドキ属（*Hemitheconyx*）
- ヒガシアフリカトカゲモドキ属（*Holodactylus*）

日本に棲むトカゲモドキ──リュウキュウトカゲモドキ（*Goniurosaurus kuroiwae*）

※天然記念物に指定されていて捕獲・採集・飼育をすることはできません

茂みを移動するクロイワトカゲモドキ（沖縄島北部）

クロイワトカゲモドキ（沖縄島南部）

クメトカゲモドキ

イヘヤトカゲモドキ

マダラトカゲモドキ（渡名喜島）

マダラトカゲモドキ（伊江島）

ケラマトカゲモドキ

オビトカゲモドキ

E. m. fasciolatus（ファスキオラータス）、*E. m. montanus*（モンタヌス）、*E. m. smithi*の5亜種に分けられます。

ちなみに、トカゲモドキの仲間であるキョクトウトカゲモドキ属に属するオビトカゲモドキ（*G. splendens*）は鹿児島県徳之島に生息し、リュウキュウトカゲモドキ（*Goniurosaurus kuroiwae*）は5亜種に分けられ、クロイワトカゲモドキ（*G. k. kuroiwae*）は沖縄島・古宇利島・瀬底島・伊江島に、イヘヤトカゲモドキ（*G. k. toyamai*）は伊平屋島に、マダラトカゲモドキ（*G. k. orientalis*）は渡名喜島に、ケラマトカゲモドキ（*G. k. sengokui*）は渡嘉敷島・阿嘉島に、クメトカゲモドキ（*G. k. yamashinae*）は久米島にそれぞれ生息しています。これらは沖縄県および鹿児島県の天然記念物に指定されていて捕獲・採集・飼育をすることはできませんが、非常に美しく魅力的なトカゲモドキの仲間です。現在、国内に生息するトカゲモドキは開発などの影響から、絶滅の危機に瀕しています。これらの国内に生息するトカゲモドキがいつまでも生活できる環境が残されるように、見守りたいものです。

ヒョウモントカゲモドキの体のしくみ

1. 外温性の動物

ヒョウモントカゲモドキは、爬虫類に分類される外温性の動物です。外温動物とは、外界の

熱を利用して体温を上げる生き物のことで、外温動物は全て変温動物と言えます。ただし、変温動物が全て外温動物というわけではなく、代謝熱によって体温を上昇させることのできる内温性の動物の中にも、体温を一定に保つことのできる恒温性のものと変温性のものがいます。

　外温動物であるため、ヒョウモントカゲモドキは自分の体内で熱を作り、体温を維持することができません。このため、生活の場の温度が低くなれば新陳代謝が下がり、活動が鈍くなり、さらに温度が下がれば、これに並行して体温も下がり死に至ることもあります。また、温度の上昇とともに体温も上昇してしまいます。このため野生では、普段は岩の下や巣穴など、温度の安定した過ごしやすい場所に隠れて生活し、餌となる昆虫が活動し、また、ヒョウモントカゲモドキ自身も活動しやすい時間帯に、自らの意思で餌を求め、求愛の相手を探すために地上に姿を現します。しかし、現地の気候と異なる日本において、ケージという限られた空間で飼育される場合、ヒョウモントカゲモドキ自らが環境中の温度変化を利用して、体温調節を行うのは困難なため、飼育者が適切な温度管理を行う必要があります。

2. 体の構造

骨格：

　頭から頭蓋骨・顎骨、脊椎は頚椎・胸椎・腰椎・仙椎・尾椎に分けられ、骨盤骨・前肢および後肢を構成する骨があります。ヒョウモントカゲモドキを含め、トカゲなどの爬虫類の頭骨はいくつかの骨で構成されています。尾を自切することのできるものでは、尾骨の部分に自切面があり、その周囲の筋肉なども自切膜で仕切られていて、この部分で尾が切れる仕組みになっています。ヒョウモントカゲモドキは自切面を持ち、尾を自切することができます。自切後に尾は再生しますが、再生した尾の骨は軟骨性のものになります。

眼：

　眼にはトカゲモドキの仲間の特徴として、他の多くのヤモリが持たない「瞼」があります。人の瞼とは異なり、上瞼よりも下瞼のほうが可動性に富み、大きく動きます。眼は球状で目に入ってくる光の調節は虹彩により行われます。虹彩の形は多くの生き物では円形から楕円形ですが、ヤモリなどでは縦長で不規則な形をしています。ヒョウモントカゲモドキは夜行性のため、昼間、明るい場所で目を観察すると、瞳孔は閉じていてほとんど黒目の部分が見えません。

　目の附属器官として、眼球内角に近い場所にハーダー腺があり、外角あたりに涙腺が見られます。分泌された涙は鼻涙管を通って排泄されます。

骨格標本

昼間、瞳孔は閉じて細長い

耳：

　ヒョウモントカゲモドキは鼓膜が見える程度の短い外耳道があります。この外耳道は筋肉弁を使って閉じることができ、耳の穴を指で触る

と、外耳を閉じるのが観察できます。爬虫類の耳は、人の中耳で見られる構造とは異なり、耳小柱（鐙骨）のみで、槌骨・砧骨はありません。また、内耳は嚢状のリンパ液の満たされた器官で、人のような蝸牛状にはなっていません。

呼吸器：

呼吸器は、外鼻孔から後鼻孔へ続き咽頭部に開口します。舌の基部に声門が開き、ここから気管・気管支を経て左右の肺へと繋がります。呼吸は肋骨の拡張および収縮によって起こり、人のような横隔膜はありません。

鼻は嗅覚器官としての役割もあります。また、嗅覚器官として、爬虫類においてはもう1つヤコブソン器官が知られています。口蓋内にあるヤコブソン器官には、嗅神経の一部が伸びていて、ここでにおいを嗅ぐことができます。ヘビやオオトカゲが頻繁に舌を出し入れするのは、空気中に漂う化学物質を舌に付着させ、口蓋にあるヤコブソン器官へと送り、においを嗅いでいるのです。

このヤコブソン器官は両生類にも見られ、ワニや鳥類では退化しています。また、多くの哺乳類でもヤコブソン器官を持ち、メスの出すにおいをオスが嗅ぎ分ける時などに使われています。残念ながら、われわれ霊長類では発生後に消失してしまいます。

消化器：

消化器は、大まかに口腔・歯・食道・胃・小腸・大腸、総排泄腔のほか、肝臓などの組織も含まれます。ヒョウモントカゲモドキの舌は扁平で、先端は2つに分かれておらず、人と同じような形をしています。トカゲの仲間の歯は大きく2つに分けることができ、継続的な生え変わりはしない端生歯と、絶えず生え変わることのできる面生歯に分けられます。カメレオン・アガマ・ムカシトカゲなどは端生歯で、加齢とともに歯が摩耗していきます。その他のトカゲの多くは面生歯を持ちます。食道は獲物を丸呑みできるように太く胃へ繋がります。胃では胃酸によって飲み込んだ食べ物を消化します。その後、食物は小腸・大腸を通り、総排泄腔を経て排泄さ

れます。総排泄腔へは大腸のほか、尿管や卵管・輸精管なども開口していて、糞は尿酸とともに排泄口から排泄されます。肝臓には胆嚢があり、胆管は十二指腸部に開口しています。

尿酸とともに排泄された糞

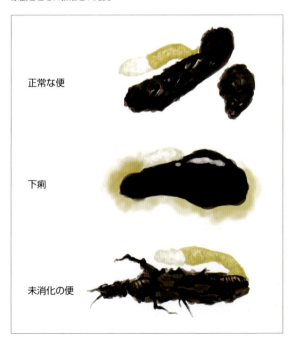

正常な便

下痢

未消化の便

泌尿・生殖器：

腎臓は1対あり、背中側骨盤内腔あたりに見られます。腎臓で作られた尿は、尿管を通って総排泄腔へ流れて、水分を吸収するために結腸へ送られます。ここで水分の再吸収を受け、固形の尿酸の塊が作られ、上部消化管から流れてきた糞に押し出されるように一緒に排泄されます。このため、排泄物は始めに尿酸、次に糞の順番で排泄されます。

メスで繁殖期には、体腔内に大きく発達した卵巣が見られるようになり、この時、腹部の皮膚を通して、成熟した大きな卵胞が肉眼でも透けて確認できることもあります。成熟卵胞が排卵されると、卵管内で卵白や卵殻が形成されて、産卵に至ります。オスでは総排泄口より尾側にクロアカルサックと呼ばれる1対の膨らみが見られ、この部分に交尾器であるヘミペニスが左右1対収納されています。

循環器：

心臓は両腕の間あたりの胸部入口付近にあり、人などの哺乳類が二心房二心室なのに対して、両生類や爬虫類の多くが二心房一心室です。多くの爬虫類では不完全な心室の隔壁はありますが、完全に左心室と右心室は隔てられてはいません。爬虫類の中でもワニなど一部の爬虫類では人と同様、二心房二心室です。

二心房一心室では全身から戻ってきた静脈血と、肺で酸素を取り込んだ動脈血が混じり合ってしまうように思われますが、実際には比較的効率良く、それぞれの血液を分離しているようです。また、バスキング中などで体温を早く上昇させたい時など、皮膚表面で温められた静脈血は肺循環を通らずに、心室から直接全身へと送り出すことで、効率良く体の深部にまで熱を送ることができると言われています。

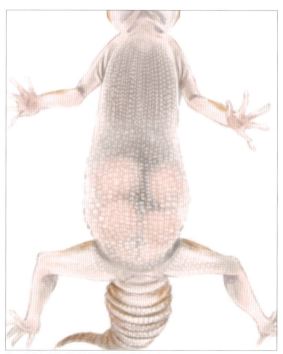

うっすらと卵胞が見える繁殖期を迎えたメス

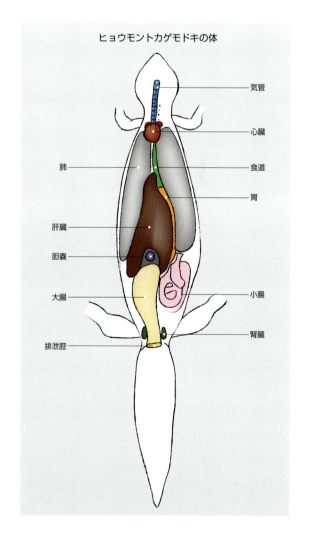

ヒョウモントカゲモドキの体

皮膚：

皮膚は、真皮と表皮から構成されています。皮膚の外層はケラチンを多く含んだ角質層で、人のような汗腺や皮脂腺は見られません。このため、皮膚の表面は常に乾いています。皮膚表面は、細かな瓦状の鱗で覆われている他に、背面にはやや大型の粒状鱗がまばらに見られます。

皮膚に見られる分泌腺の開口部としては、ヒョウモントカゲモドキの成熟したオスの鼠径部に発達して見られる前肛孔があります。この部位からロウ様の物質を分泌し、イボ状の突起が並んでいるように見えます。

脱皮は年齢・栄養状態・季節・外傷の有無など、さまざまな条件により、その頻度は異なります。外傷があったり、ある種のホルモン異常などが見られる場合、あるいは成長期のものではより頻繁に脱皮が見られ、栄養状態が悪いものや老齢なものでは脱皮の頻度は一般的に少なくなります。

健康なものであれば、全身の脱皮が一度に全部行われますが、通常、脱皮した皮は全て食べてしまいます。ヒョウモントカゲモドキでは夜行性であるということから、脱皮も夜間に行われることも多く、また、昼間はシェルターに入っていたり、飼い主自身が仕事で家を空けているために、飼い主が脱皮の頻度を完全に把握するのは難しいかもしれません。

指：

前肢・後肢ともに5本ずつ指があり、その先には爪が生えています。ヤモリの多くは、指の腹面に趾下薄板と呼ばれる構造を持っています。肉眼で見ると波打っている洗濯板のように見え、この部位を拡大すると、非常に微小な剛毛がブラシのように並んでいます。剛毛をさらに拡大すると、いくつも枝分かれして、その先端はヘラ状に曲がっています。この部位を微細

脱皮。体全体が白濁し、古い皮を脱ぐ

ヒョウモントカゲモドキの指（腹面側）。
5本の指先に爪を備えるが、趾下薄板を持たない

ニホンヤモリの指（腹面側）。
趾下薄板を備え、壁面に張り付くことができる構造をしている

な凹凸に引っ掛けることで、垂直な壁なども容易に登ることができます。ヒョウモントカゲモドキでは、この構造を持たないため、壁面などを登ることはできませんが、爪を使って岩などを登ることはできます。

自切について

ヒョウモントカゲモドキは、尻尾を掴まれたりすると、自ら尻尾を切り落とします。これを自切といいます。尾椎には自切面というものがあり、この部位で脂肪や筋肉も自切膜と呼ばれる結合組織の膜で仕切られていて、尾が自切面で切り落としやすくなっています。この自切面のある尾椎の場所は、トカゲの種類によっても異なっていて、ある特定の尾椎より後ろは、全ての椎骨に自切面を持つものと、特定の椎骨部にのみ自切面を持つものがいます。

自切面で尾が切れても、自切膜と切断部分の筋肉の痙縮のおかげでほとんど出血はありません。切断された尾はしばらく動き続けます。この切断された尾の動きが外敵の気を引き、その間に本体がその場から逃げ出すのに役立ちます。自切後に尾は再生してきますが、その後再生した尾には自切面はなく、骨も軟骨に置き換わります。また、再生した尾は元の尾よりも短く太くなります。自切はトカゲ亜目やミミズトカゲ亜目・ムカシトカゲ目にも見られますが、トカゲ亜目全ての種が自切するわけではありま

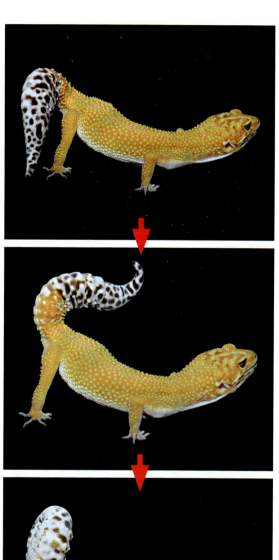

警戒し尾を振る

自切

自切後に再生した尾

ヒョウモントカゲモドキの健康と病気

せん。飼育下のヒョウモントカゲモドキでは、ドアに尾を挟んでしまったり、誤って尾を強く掴んでしまった時、大きな外傷を尾に負った時などに、切れてしまうことがあります。

　ヒョウモントカゲモドキの尾は栄養貯蔵庫でもあるため、自切は大きな負担にもなります。

オスメスの見分けかた

　オスとメスの外見上の違いは、総排泄口周辺を見ることでわかります。

　オスでは、総排泄口よりもやや頭側に前肛孔と呼ばれる丸い穴が鱗に開いていて、この鱗がへの字型に並んでいます。特に成熟したオスでは大きく発達し、この孔からはワックス状のフェロモンを含んだ物質が分泌されます。これに対して、メスではこのような穴は見られません。

　また、オスでは交尾器であるヘミペニスを総排泄口より尾側に1対収納しているため、その部位が膨らんで見えます。この部位をクロアカルサックと呼びます。ここにふだん収納されているヘミペニスは、交尾時に反転して出てきます。クロアカルサック内には、定期的に栓子と呼ばれる外見上、貝の干物のような形状のものが貯まり排泄されます。多くは夜間に自ら食べてしまうなどして飼い主が栓子を確認することは少ないのですが、排泄口の左右にわずかに半透明なひも状のものとして肉眼で確認できることもあります。メスではヘミペニスがないので、その分総排泄口部分はオスよりもややくびれて細く見えます。

前肛孔

ヘミペニス

クロアカルサック

オスの総排泄口付近

メスの総排泄口付近

II
ヒョウモントカゲモドキを購入する時の注意点

Ⅱ ヒョウモントカゲモドキを購入する時の注意点

ヒョウモントカゲモドキの入手方法

　多くの場合、ペットショップや爬虫類イベントで入手することになります。生き物を購入する際には、その生き物の状態をよく観察して、自分が納得できる個体を選ぶようにしましょう。生き物の値段だけで購入先を決めずに、購入後も飼育の相談に乗ってもらえるような、生き物の知識が豊富な、信頼できるペットショップで購入することをおすすめします。イベントで入手する場合でも、自分が気に入った個体の状態をよく観察したうえで、解らないことなどがあれば店員に質問して、自分が納得したものを購入するようにしましょう。

入手時の選び方

　入手時の注意点としては、
① 尻尾の細い子は避けましょう。ちゃんと餌を食べている子なら、尻尾はふっくらしています。小さな幼体でも、普通のトカゲの尻尾のように、尾の付け根から末端に向かって細くなっているようだと、痩せている可能性があります。
② ケージ内が便で汚れている場合、下痢をしている可能性があります。また、ケージ内を見て、下痢のような排泄物が見られる場合や、餌が未消化で排泄されているような場合、あるいは吐き戻しのような餌がケージ内にある場合には、何らかの問題がある可能性があります。通常ならヒョウモントカゲモドキは固形便をします。

健康な個体。購入時には尾の太さや目の状態、与えられている餌などをチェックします

II ヒョウモントカゲモドキを購入する時の注意点

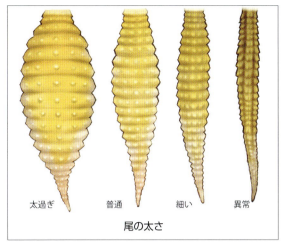
尾の太さ

ヒョウモントカゲモドキは、爬虫類専門店などのほか、関連イベントなどで入手できる

異常な個体。痩せていて尾が極端に細い

③ しっかり目を見開くか確認します。夜行性ですから、昼間眠っていることもありますが、購入を考えた時には、念のためしっかり個体をチェックして、目をちゃんと開くことができるのか、また、目を見開いた時に、眼球に異常がないかなどを確認します。ただし、眼の赤いアルビノなどでは光を極端に嫌い、明るい場所ではずっと眼を閉じて開けようとしないものもいます。

④ 餌を食べるところを見せてもらいましょう。可能であれば、購入を考えている個体に、餌を与えてもらって、餌を食べるところを見せてもらうと良いでしょう。これで、餌をちゃんと食べる子なのかわかるし、もしも購入後餌を食べなかった場合は、飼育環境の設定が間違っている可能性があるということになります。ただし、餌を食べさせた直後に購入して家へ持ち帰ると、移動中に揺られることで興奮して、食べたばかりの餌を吐き戻すことがあるので注意しましょう。

⑤ その他、外見で分かるような異常がないか確認します。

購入時に最低限聞いておくこと

ペットショップで購入する際に、聞いておくこととしては

① 飼育されているケージの温度について。どんなに状態の良い子を購入しても、それまで状態良く飼育されていた温度と全く異なる温度で飼育してしまっては、餌を食べなくなったり、購入後に体調を崩してしまうことがあります。入手直後は、まずは入手先と同じ温度設定で飼育を始めましょう。

病気やケガを予防するためのレオパ飼育書　**19**

②与えている餌についての確認も大切です。ショップで与えている餌と違う餌を購入後に与えることで、餌を食べなくなる子もいます。生き餌なのか、冷凍餌なのか、配合飼料（人工フード）なのか、生き餌ならどんな昆虫を与えていて、どのくらいのサイズのものを一度に何匹くらい与えていたのか、配合飼料なら、どこのメーカーのものを一度にどのくらい与えていたのかなど、購入時に具体的に聞くようにしましょう。

③餌を与える頻度について。購入してすぐは、環境の変化もあるので神経質になっている個体もいるでしょうが、ショップでの餌の頻度を聞いておいて、まずはそのペースで餌を与えてみることで、食欲があるのかないのか、判断することができるでしょう。

ヒョウモントカゲモドキを入手したら

ペットショップやイベントでヒョウモントカゲモドキを入手したら、そのまま寄り道せずに家に持ち帰りましょう。夏では屋外は高温になり過ぎて、移動容器内の温度が上昇し過ぎたり、逆にクーラーの効いた店などで寄り道することで、ヒョウモントカゲモドキの体が冷えてしまうこともあります。冬季においても、カイロなどを貼って移動中にヒョウモントカゲモドキが冷えないような対策をしたとしても、寄り道しないですみやかに家に持ち帰りましょう。これら以外にも、持ち歩く間、揺られ続けることになるので、ヒョウモントカゲモドキにとっては大きなストレスになります。せっかく状態の良い子を選んでも、持ち帰る間に体調を崩させてしまっては意味がありません。

購入時、店員さんやブリーダーさんから必要な知識や情報を尋ねておくことも大切

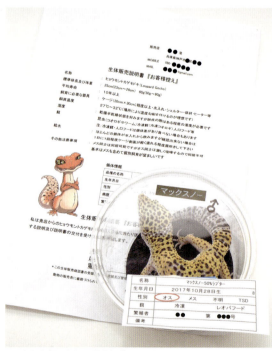

しっかりと飼いかたの説明を受け、販売確認書にサインをすることが法律で義務付けられている

III
ヒョウモントカゲモドキを迎え入れる準備

III ヒョウモントカゲモドキを迎え入れる準備

飼育環境の重要性を理解しよう

 ヒョウモントカゲモドキを飼育するうえで、その飼育ケージ内はヒョウモントカゲモドキの生活の場となります。飼い主が用意したケージ内で生涯生きていくわけですから、飼育環境を整えることは非常に重要で、飼育環境設定の不備があれば、いろいろな病気を引き起こすことにもなりかねません。

 ケージ内の飼育環境とひと言でいっても、環境を構成している要因はさまざまで、環境要因はそれぞれが複雑に絡み合って、そのケージ内の生き物に影響を与えます。環境を構成している要因としては、主に次のものが挙げられます。

1. 気候因子：温度・湿度・気流・換気など
2. 化学・物理的因子：照明・におい・粉塵・音など
3. 栄養的因子：餌・飲み水・サプリメントなど
4. 生物的因子：同種動物…飼育密度・闘争など
　　　　　　　異種動物…他種動物・生物・飼育者など
5. 住居因子：ケージ・床材・各種レイアウト・水入れ・シェルターなど

 これらは単独、あるいは複合して飼育下の生き物に影響を与えます。このため餌や温度など、一部の要因だけに着目するのではなく、総合的な視点で環境を捉え、バランスのとれた飼育環境を作り上げることが、病気を予防し、健康的に飼育するためには重要です。

1. 気候因子

温度：

 ヒョウモントカゲモドキは外温動物です。自らの体内で体温を作ることができないので、飼育者がケージ内の温度を適切に保つ必要があります。繁殖を考えたり、休眠などを目的としてケージ内の温度に変化を付ける場合を除いては、基本的なケージ内の設定温度は、ヒョウモントカゲモドキの代謝活動が正常に行われる範囲内で調節し、昼夜で温度差を付けることも可能です。

 飼育環境温度を便宜上大別すると、高温域（体温上昇域）および低温域（体温下降域）、その中間に位置する適温域に分けることができます。高温域や低温域を超えて、さらに温度が上昇あるいは下降すると、正常な代謝活動が行えなくなり、死に至ったり休眠などの反応が現れます。

 ヒョウモントカゲモドキにおける一般的な温度管理法としては、ケージ内を適温域で管理し、一部に代謝を高める場所として、腹部を温めるパネルヒーターの設置を行います。昼行性の爬虫類では、体温を上昇させ代謝を上げるために利用される高温域（ホットスポット）を、ケージの一部に設けたスポットライトなどを用いて作りますが、ヒョウモントカゲモドキは夜行性の生き物であるため、昼行性爬虫類に使用するスポットライトを利用しません。代わりに、腹部から体温を上昇させる場所として、パネルヒーターが利用されます。ちょうど日中の照りつける太陽で熱せられ夜でも余熱を持って暖かい岩場のような場所と考えるとよいでしょう。夜行性のヒョウモントカゲモドキでは、この場

Ⅲ ヒョウモントカゲモドキを迎え入れる準備

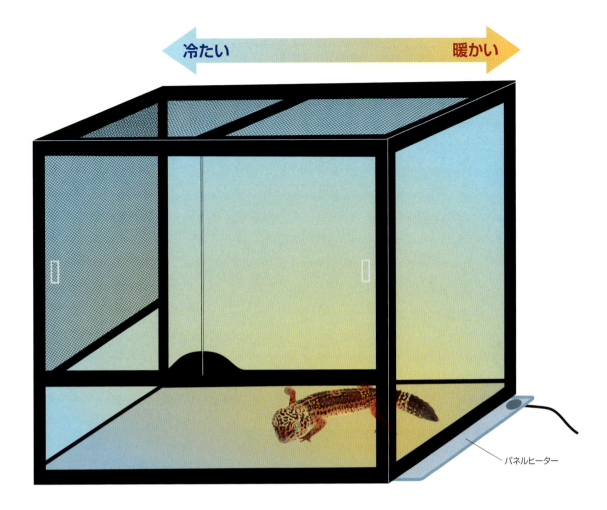

所がホットスポットと同様な役割を果たします。このような設定を行うことで、ヒョウモントカゲモドキの基本的な生活は適温域の空間で行われ、活動前や食後など代謝を高めたい時に、高温域へ移動して体温を上昇させることができるようになります。

　気温の下がる季節に、ケージ内の空中温度を保たずに、パネルヒーターのみで保温を行うと、代謝機能を維持するためヒーターの上から離れなくなり、低温火傷を引き起こすことがあります。パネルヒーターの上に居続けても、適切な体温を維持できなければ、食欲がなくなったり、吐き戻しや下痢などの症状が見られることもあり、休眠状態になることもあります。また、気温の上昇する季節に通気性の悪いケージで飼育を行っている場合、熱中症が引き起こされることもあります。

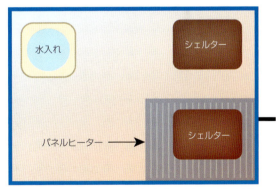

シェルターの下にパネルヒーターを敷く場合は、もう1つ別の場所にシェルターを置くと良い

病気やケガを予防するためのレオパ飼育書

湿度：

　ヒョウモントカゲモドキは、熱帯雨林に生息するような種類ではないので、高湿度環境で飼育する必要はありません。とはいえ、日本の冬はそもそも乾燥するうえ、ケージをヒーターで温めるために、異常な乾燥状態になってしまうことがあります。

　高湿度環境下で清掃を怠り、排泄物などがそのまま放置されている環境では、アンモニア濃度が上昇しやすく、また、細菌なども繁殖しやすくなります。特に通気性の悪いケージでは飼育環境が容易に不衛生となり、これらが引き金となって体調を崩させてしまうことがあります。アンモニア濃度の上昇は、呼吸器粘膜を刺激して、呼吸器疾患を引き起こします。また、高湿度環境そのものがストレスとなり、食欲不振や元気がなくなるなどの症状が見られるようになることもあります。また、必要以上の加湿によって脱皮不全が引き起こされることもあります。

　気中湿度をコントロールする場合、度を越した高湿度環境にならないように注意し、また、必要以上に湿度が下がり過ぎないように注意します。乾燥している状態が続く場合には、いつでも水分摂取ができるように水入れなどを常設する必要があり、飲み水がない場合、餌からの水分摂取だけでは、脱水が引き起こされることがあります。また、加湿を行う場合には、湿度の上昇のし過ぎやケージ内が蒸れないように注意しましょう。適切な湿度を保つことは大切ですが、蒸れた環境を作ってしまっては意味がありません。

気流・換気：

　換気はケージ内で発生するアンモニアなどの臭気・熱・湿度などのほか、酸素の供給・空気中の微生物や粉塵などにも関係してきます。

　通気性の悪いケージでは、加湿のための霧吹きをした後に、一時的に蒸れが生じ、これが繰り返されることによって、体調不良の原因になることがあります。ケージ内の温度を下げる目的や、通気性を確保したり換気を行うために

ファンを設置する場合、ケージ内に空気を送り込むようにファンを設置すると、小型のケージでは常にケージ内全体に風が吹いている状態になり、トカゲの皮膚から必要以上に体温が奪われてしまう可能性があります。ファンを設置する場合には、基本的にケージ内の空気を外に吸い出すようにしたほうが良いでしょう。

2. 化学・物理的因子

照明：

ヒョウモンカゲモドキは夜行性なので、照明は必要ないと思っている人も多いようです。たしかに、昼行性爬虫類を飼育するほどに重要ではないかもしれませんが、その考えかたでは、昼行性の爬虫類を飼育するのに、夜暗くする必要はないということにもなります。

夜行性のヤモリと昼行性のトカゲを、ビタミンD_3合成に必要な有効紫外線（UVB）に同じように照射した結果、夜行性ヤモリのほうが、より多くのビタミンD_3前駆物質を作ることができたという実験結果もあるようです。このような結果から、夜行性のトカゲは、わずかな時間太陽光に当たるだけで、効率良くビタミンD_3合成を行っている可能性があります。ヒョウモンカゲモドキにおいても、活動が始まる夕暮れ時や活動の終わる明け方、巣穴から木漏れ日を受けるなどして太陽の光を効率的に利用し、体内でビタミンD_3合成を行っている可能性があります。実際に、広いケージにフルスペクトルライトを照射して、レイアウトを組んでヒョウモンカゲモドキを飼育すると、わずかに光の差し込む部分で寝ていることもあり、意図的にその場所に移動して、光に当っている姿を観察することができます。

ビタミンD_3に関しては、サプリメントで摂取させることも可能なので、フルスペクトルライトは必ず必要というものではありません。しかし、昼と夜のメリハリを付けることで、より活動時間である夜をしっかり演出するために、昼夜の明暗があまりないような一日中薄暗い場所

で飼育するよりも、昼の明るさを再現することは無駄なことではないでしょう。ただし、明るい時間帯に、明るさを避けるための隠れ家を用意することも重要です。外が明るいから、暗い場所に隠れて寝ている、外が暗くなったから活動を始めるというメリハリのある環境を作ることが大切です。

粉塵：

ケージ内で発生する粉塵としては、床材として使用しているものから発生する場合や、乾燥した排泄物などが挙げられます。このほか、飼育ケージを置いている部屋の中で発生する粉塵も影響を及ぼします。密閉度の高いケージででは、穴掘り行動などをした時に粉塵が舞い上がるとケージ内に停滞しやすくなります。また、排泄物の処理を怠り、乾燥した状態の排泄物が大量にケージ内にある場合には、これら排泄物が崩れて、粉塵の成分になりかねません。粉塵は呼吸器系に障害を及ぼす可能性があるので注意が必要です。

におい：

ケージ内で一番問題になるのはアンモニアで、高温多湿な環境や高い飼育密度・換気不良などによってその濃度が上昇します。アンモニアは粘膜刺激作用が強く、高濃度になると呼吸器に障害を与えます。このほか排泄物などから発生する臭気も、高濃度になると健康を害する可能性があるので、特に、通気性の悪いケージでの飼育では注意が必要です。

ケージ内だけでなく、ケージを置いている部屋での喫煙やにおいの出るスプレーなどの使用も、ケージ内で飼育しているヒョウモントカゲモドキの健康に影響を与える可能性があります。

音：

聴覚が優れているわけではありませんが、大きな音の振動が継続するような環境では、ストレスが生じ、何らかの影響が出ることも考えられます。

3. 栄養的因子

餌：

　ヒョウモントカゲモドキは昆虫食の生き物です。自然界では主に節足動物を餌として利用しています。飼育下では、餌として市販されている昆虫を中心に配合飼料などを利用することができます。

　生き餌・乾燥餌・冷凍餌・缶詰など、さまざまな餌が市販されていますが、それぞれの栄養価を理解して、必要に応じて不足する可能性のある栄養素をサプリメントなどを利用して補うようにします。また、成長段階に応じて、餌の頻度や量、カルシウム剤の添加なども考慮する必要があるでしょう。

　餌の不備から引き起こされる問題としては、成長不良・各種のビタミンやその他微量元素の欠乏症や過剰症・代謝性骨疾患（栄養性二次性上皮小体機能亢進症）、肥満などが挙げられます。

飲み水：

　水は生物が生きていくうえで、必要不可欠です。水の摂取方法としては、直接水を飲む以外に、食餌を介して摂取する方法もあります。また、外部から取り入れる以外に、タンパク質や脂肪などの代謝に伴って体内で水分を生成する（代謝水）こともできます。水分が不足すれば、脱水を引き起こし、血液の濃縮やこれに伴う腎機能不全、体重の減少などが見られるようになります。このような状態が長期間続けば、死に至ることもあります。

サプリメント：

　爬虫類用の総合ビタミン剤、ミネラル剤、カルシウム剤、整腸剤など、さまざまなサプリメントが市販されています。ビタミン剤やカルシウム剤などは、飼育下のヒョウモントカゲモドキに対して、必ず使用しなければいけないというものではありません。しかし飼育環境や食餌内容などを考慮して、不足すると思われる栄養素がある場合には、必要に応じてそれぞれに適したサプリメントを添加するようにしましょう。ビタミン剤においては、その使用方法が適切でない場合、ビタミンの種類によっては過剰症を引き起こしてしまう可能性もあります。カルシウム剤においても、過剰な供給は便秘を引き起こす原因になることもあるので、単にたくさん与えれば良いというものではありません。

　配合飼料など、人工的に作られたフードの場合、多くは製造過程で必要なビタミンやカルシウムなどが添加されています。これらにさらにビタミン剤やカルシウム剤を添加すると、過剰供給になりかねません。人工フードを与える場合には、使用説明をよく読み、これらサプリメントの添加が必要と思われる場合には、添加するようにしましょう。

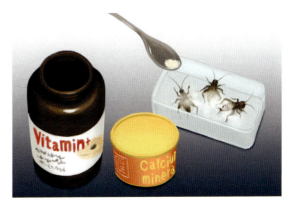

4. 生物的因子

同居動物：

　ヒョウモントカゲモドキは本来の生態から、単一ケージでの複数飼育も不可能ではありませんが、夜間の活動も考えると、あまり狭い空間での複数飼育は、空間的ストレスが生じる可能性があります。また、オス1匹に対してメスを複数飼育するのか、オスのみあるいはメスのみ複数飼育するのかなどで、問題が生じるかどうか変わってきます。成体のオス同士の複数飼育では闘争が見られ、怪我を負ったり、弱いオスがストレスを感じ、精神的に弱ってきてしまうことも考えられます。オス1匹に対して複数のメスを同居させる場合には、複数のメスが同様な時期に産卵することも考えられ、この場合、産卵床を複数用意するなどしないと、産卵場所の取り合いになり、弱い個体が卵詰まりなどを引き起こす可能性もあります。また、オスに交尾をせがまれて産卵のタイミングを失い、卵詰まりが引き起こされることもあります。これらのことに注意したうえで、ヒョウモントカゲモドキの場合、十分な広さのケージを提供できるのであれば、メス同士あるいはオス1匹に対して複数のメスの同居であれば可能でしょう。ただし、オス同士の同居は避けるべきです。

　限られた空間内で複数飼育を行う場合、その収容密度と関連して、さまざまなストレスが生じることも考えられ、体重の増加や成長が抑制される個体が現れる可能性もあります。このほか、闘争による咬傷や弱い個体が食欲不振に陥ったり、寄生虫感染の拡大なども危惧されます。

　複数飼育を行う場合は、十分なスペースを提供して、複数の隠れ家を用意し、弱い個体でも逃げ込める場所などを用意するようにします。また、複数飼育では、個体ごとの状態把握がおろそかになりやすいため、単独飼育以上に個体ごとの状態をより細かく観察するように心がける必要があります。

異種動物:

　異種動物とは、飼育しているヒョウモントカゲモドキ以外の生き物のことで、ケージ内に同居させている他種の動物やケージ内の微生物、餌として与えた昆虫、飼育している飼い主やその家族、その他のペットなど、さまざまな生き物が影響を与える可能性があります。ヒョウモントカゲモドキ以外に、分布域の異なる、あるいは生息している気候の異なる種類の爬虫類を同居させた場合、ある種に対しては強い病原性を示さない微生物や寄生虫であっても、別の種類においては劇的な症状を示すなど、それぞれの種類によって微生物や寄生虫に対する抵抗力や感受性、症状の発現には差があります。

　また、大きさに差がある場合や食性によっては同居している生き物を捕食しようとしたり、縄張り争いなどの闘争が見られることもあります。飼育者も飼育している個体に対する取り扱い次第で、臆病な個体になるなど、少なからず飼育個体の行動や性格に影響を与えていると思われます。また、ヒョウモントカゲモドキの体表や消化管にもさまざまな微生物が数多く見られます。これらの常在微生物は、その個体の代謝や栄養、免疫作用などにも影響を与えていると考えられます。食餌内容の急変や抗生物質の投与などにより、腸内の微生物が攪乱されると、下痢を引き起こすなどの障害が見られることもあります。

5. 住居因子

ケージ：

　シンプルで狭いケージで飼育されることの多いヒョウモントカゲモドキですが、本来の活動時間である夜には、定期的にシェルターから出てきて、比較的活発に動き回ります。昼間、人が活動している時間（すなわちヒョウモントカゲモドキの寝ている時間）のヒョウモントカゲモドキを見て、あまり動かないから狭いケージでよいと思うのは間違えです。

　ケージは管理しやすく、常に清潔に保たれていなければいけません。また、通気性が確保でき、気温の下がる季節には保温性にも優れ、丈夫で清掃がしやすいなどの条件を満たすものが良いでしょう。使用するケージが狭いほど、排泄物などで衛生環境は悪化しやすいため、頻繁な清掃が必要になります。

　たくさんの数を個別に飼育する場合には、メンテナンスのしやすさも考えて、小型のアクリルケースなどを使用して、シェルターのみを入れて管理するのが一般的に行われている飼育方法といえます。しかし、1匹のみを大切に飼育したい場合には、小型のアクリルケースにとらわれずに、大きなケージなどを使い、のびのびと暮らすことのできる空間を提供して飼育するのも良いでしょう。

床材：

　床材としては、市販されている各種床材のほか、赤玉土・黒土・ヤシガラ土・砂・人工芝・新聞紙・キッチンペーパー・ペットシーツなど、いろいろなものが利用されています。

　床材を使用する場合、ヒョウモントカゲモドキが誤って食べてしまわないように注意する必要があります。天然成分のものや食べても安全というものであっても、大量に摂取すれば腸で詰まってしまう可能性があります。特に口に入る可能性のあるサイズの床材を使用している場合には、その種類にかかわらず定期的に糞の中に床材が混じっていないか確認して、もしも床材が多く混じっているような場合には、その床材の使用を中止するようにします。ヒョウモントカゲモドキは、空腹時に自分の排泄物のにおいが付いた部分の床材を大量に食べてしまったり、ミネラル摂取の目的で床材を意図的に摂取してしまうこともあるので注意しましょう。

赤玉土を敷いた例

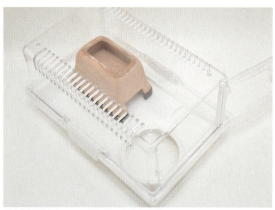

爬虫類用飼育ケース。通気性・適度な容量・メンテナンスのしやすさなど考慮して選ぶとベター

レイアウトグッズ：

　岩や擬岩、流木などを入れ、それらを上り下りさせることで、ヒョウモントカゲモドキの運動量を増やしたり、これらの行動がストレス発散にも繋がります。

　岩・流木・市販のレイアウトグッズなどをケージ内に設置する場合、これらがヒョウモントカゲモドキにとって危険なものになってはいけません。たとえば、岩をいくつか組んだ場合、それらが崩れてヒョウモントカゲモドキが下敷きになる危険性を考える必要があります。また、小動物用の回し車などを遊び道具として使用する場合には、尾や四肢などが誤って回し車に巻き込まれないような構造のものを利用しましょう。流木や岩などに極端に尖った部分などがあると、脱皮時にそれらへ体を擦り付けた時に、怪我を負うこともあります。

　これらのことを踏まえ、見た目の良さだけではなく、それらを設置することで引き起こされる可能性のあるトラブルを事前に予測して、ケージ内のレイアウト用品を選ぶ必要があります。

水入れ：

　飲み水を供給するために、水入れには常に新鮮な水を入れておくようにします。霧吹きをすることでケージ壁面に水滴を付け、それを舐めさせて水を与える方法もありますが、通常は霧吹きの有無にかかわらず、水入れを設置します。水入れは大きなものは必要ありませんが、夜間、ヒョウモントカゲモドキの活動時間帯に、水入れをひっくり返されないように、ある程度重量があるものか安定性の良いものを設置すると良いでしょう。

　水入れの水は毎日取り替え、容器もスポンジなどで洗浄します。糞や床材などが水入れに入っているのを見つけたら、放置せず、すみやかに水入れを洗浄し、新しく水を入れ直しましょう。

　ビタミン剤を与える目的で、水入れの水にビタミン剤を溶かして与える方法をとる人もいますが、水に味が付くことで飲み水として利用しなくなることもあります。また、水入れにビタミン剤を入れる場合には、こまめに水入れの特に内側を清掃しないと、雑菌の温床になることもあるので注意が必要です。

枝を登るヒョウモントカゲモドキ

使いやすい水容器は爬虫類専門店などで入手できる

ヒョウモントカゲモドキの健康と病気

シェルター：

　野生下のヒョウモントカゲモドキは、日中や活動していない時間帯では、岩の下などの隙間やほかの生き物が廃棄した穴など、温度や湿度変化の少ない居心地の良い場所を隠れ家として利用しています。身を隠せる場所がなければ、程度には差があるでしょうが、ヒョウモントカゲモドキがストレスを感じる可能性は十分考えられます。このため、飼育下においても、身を隠す隠れ家であり精神的な安心感を与える場所として、シェルターは必要です。

　シェルターは市販のものや流木・岩、その他にも自作で作ることもできます。いずれの場合も、大きければ良いというものでもなく、理想的には高さがあまりなく、面積的には体の２、３倍程度の空間が提供できれば良いでしょう。

シェルター

飼育を始めるうえで必要な器具

1. ケージ：

　どのようなケージを用意するかは、飼い主次第です。ヒョウモントカゲモドキは、比較的狭い空間でも我慢して生きてくれます。しかし、狭い空間が好きなわけではありません。人でも、カプセルホテルで眠っている人を見て、この人はこんな狭い空間で生活できるのだとは思いませんよね。ヒョウモントカゲモドキも、人が主に観察する時間が人の活動時間、すなわちヒョウモントカゲモドキの就寝時間であるから、あまり活動するのを見ないだけで、本来の活動時間帯には、それなりの広さの空間を歩き回りたいはずです。

　繁殖を目的としたり、品種をコレクション的に集める場合など、複数の個体を管理しなければならない場合には、1個体あたりに広い空間を提供することは難しいかもしれませんが、1匹を大切に育てたいなど複数飼育する気はないというのならば、その1匹に充分広く、楽しい空間を提供してあげることも、飼育者の選択肢に加わります。狭い空間が良いのではなく、狭い空間でも飼えるから、我慢してヒョウモントカゲモドキに生活してもらっているというように理解してください。

　ヒョウモントカゲモドキは樹上棲ヤモリのように上下に大きく立体的な動きはしません。しかし、それは数mという規模のもので、地表に転がる倒木・岩などはヒョウモントカゲモドキでも上り下りしながら餌を探したりします。ですから、ケージの高さも上下運動をするトカゲほどは必要ありませんが、床の上だけを歩くというのもつまらないので、レイアウトするならばケージの高さが30cm程度はあって良いでしょう。

　ケージとしては、爬虫類用のガラスケージやアクリルケージ、各種プラスチックケースなどを利用することができます。ケージは脱走されない形状で、夏は通気性が良い、冬は保温しやすいものが良いでしょう。

専門店で販売されているヒョウモントカゲモドキ飼育セット

プラスティックケース（プラケース）

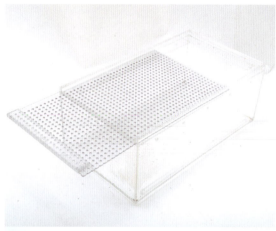

市販の爬虫類・両生類用ケース

2. 床材：

床材としては、爬虫類用に市販されているもののほか、パームマット（ヤシガラ）・ペットシーツ・キッチンペーパー・新聞紙など、さまざまなものが利用できます。どれが一番良いというものはなく、それぞれ一長一短あるので、飼い主が使いやすいものを利用すると良いでしょう。ただし、床材を使用するうえで注意することとしては、以下のことが挙げられます。

① **ヒョウモントカゲモドキが誤って食べてしまわないもの**：天然成分で食べても安心なものでも、大量に摂取すれば、消化できないものでは腸で詰まる可能性があります。口に入る可能性のある床材を利用する場合には、定期的に排泄物を潰して、床材が混じっていないか確認します。もしも大量に床材が混じっている場合には、床材を全て取り除き、キッチンペーパーなど、食べられにくい素材に変えましょう。ヒョウモントカゲモドキは、空腹な時に自分の排泄物のにおいの付いた床材を意図的に食べてしまうこともあるので、定期的な排泄物チェックは怠らないようにします。また、新しく購入した床材が、開封時に湿っている場合などは、そのままケージに敷いてしまうと、一過性にケージ内が蒸れてしまうことがあるので、この場合は、床材をいったん乾燥させてから使用します。

② **清掃しやすいもの**：床材は排泄物で汚れるので、定期的に交換する必要があります。見た目には汚れていないように見えても、アンモニア臭がするようでは、体に良くありません。これらのことも踏まえて、床材を選びましょう。

③ **粉塵が舞いにくいもの**：四方を壁に固められたケージでは、粉塵が風で流れていくことがないので、ケージ内でしばらく停滞します。ヒョウモントカゲモドキが穴を掘るような行動をした後に粉塵が舞うことで、目を刺激したり、粉塵の成分によっては呼吸器に障害を引き起こす可能性もあります。このため、床材は粉塵が舞いにくいものを利用すると良いでしょう。

④ pH（水素イオン濃度）が極端に偏っていないもの：爬虫類用に市販されているものであれば、ほとんど問題ないとは思われますが、園芸用品など、本来は別の用途に使用するものを利用する場合、極端に酸性に傾いていたり、あるいは極端にアルカリ性に傾いている床材は、避けるようにしたほうが良いでしょう。

⑤ **ペットシーツ使用時の注意点**：ペットシーツを切って使う場合、中に入っている綿や吸水ポリマーを誤って食べてしまう危険があるので、十分な注意が必要です。ペットシーツは切断せずに使用したほうが良いでしょう。

キッチンペーパーを敷いた例

赤玉土を敷いた例

3. シェルター：

　ヒョウモントカゲモドキは夜行性の生き物のため、昼間は岩の下など物陰に隠れて休んでいるので、シェルターは精神安定上からも必要不可欠です。シェルターは大きければ良いというものでもなく、あまり広くて高さのあるものを用いても、暗いだけで身を隠している気分にはならないでしょう。体の一部が何かに接触していたほうが安心感を与えることができるので、体がすっぽり入って、なおかつ、天井は四肢を持ち上げて背中や頭が付くか付かない程度のものを用意します。可能であれば、一定の高さではなく、奥に行くほど低くなるような形状のものを使うことで、その時の気分で好きな場所で休むことができるようにするのも良いでしょう。

　シェルターとしては、市販の物以外に、流木や岩・植木鉢を割ったもののほか、いろいろなものを利用して自作することも可能です。

　シェルターはその用途により、大きくドライシェルターとウエットシェルターの2つに分けることができます。

　ドライシェルターは、最も普通に使われるシェルターで、岩や流木・箱などを切ったものなど、単純な隠れ家としての役割を果たすものです。シェルター内の湿度は、ケージ内の湿度と変わらず、ケージ内が乾燥すればシェルター内も同じように乾燥します。基本的には、このタイプのシェルターを利用して飼育します。

　ウエットシェルターは、シェルター内の湿度を高く保つ目的で使用するもので、特に乾燥の激しい冬に利用されます。度を越した乾燥は、脱皮不全の原因になることもあります。ケージ内の湿度を適切に保つことができれば、ウエットシェルターが必ずしも必要というわけではないのですが、手っ取り早く保湿したいと考えた場合、多くの時間を過ごすシェルター内だけを保湿するために、ウエットシェルターが用いられます。

　ウエットシェルターを使用するうえでの注意点としては、素焼きでできたシェルターでは、シェルター上部に水を張って、それがシェルターに染み込み、蒸発した水分によってシェル

ター内の湿度が上昇しますが、水が蒸発する際にシェルターの熱を奪って（気化熱）いきます。このため、シェルター内の温度が、ケージ内の温度よりも下がってしまうことがあるので、シェルター内の温度を定期的に確認したほうが良いでしょう。また、常にウエットシェルターを使用していると、シェルター壁面にカビが生えることがあります。このような状態になると、シェルター内ばかりでなく、ケージ内にカビの胞子が舞っている状態になりかねません。理想的にはウエットシェルターは最低2個用意して、たとえば1週間交代で、天日干しができるようにしてカビの発生を抑えるなどすると良いでしょう。また、ウエットシェルターを一年中利用する人もいますが、日本の夏は基本的に高温多湿なので、よほど乾燥する家でないかぎり、梅雨時から夏場にウエットシェルターを使う必要はありません。湿度の高い季節にウエットシェルターを使い続けると、高湿度になり過ぎて、ヒョウモントカゲモドキの体調を崩させる原因になってしまいます。湿度の高い時期は水を入れずに、ドライシェルターとして利用して、乾燥する季節には、ウエットシェルターとして利用するなど、それぞれの季節に応じて適切に使い分ける必要があります。ウエットシェルターとして利用できるものにはこの他に、ヒョウモントカゲモドキが入れる大きさのタッパーの上部に出入りできる程度の穴を空けて、そのタッパー内に適度に湿らせた水苔や赤玉土などを敷くことで、ウエットシェルターとして利用することもできます。出入り口の穴を空ける際には、ヒョウモントカゲモドキの皮膚に傷が付かないように、切断面を丸めておきましょう。

ケージに十分な広さを確保できている場合には、ウエットシェルターとドライシェルターの両方をケージに入れて、ヒョウモントカゲモドキがいずれかを自由に選択して利用できるよう

ウエットシェルター

爬虫類用シェルター。さまざまな製品が市販されており、ひっくり返されにくいなど使い勝手が良い

にすると良いでしょう。

4．水入れ：

大きなものは必要ありませんが、水入れは必要です。霧吹きで毎晩水を与えているという人もいますが、それとは別に、常に新鮮な水が飲めるように、水入れは用意しましょう。水入れは、市販されているもののほか、ペットボトルの蓋や小さなタッパーなどいろいろなものを利用することができます。ヒョウモントカゲモドキにひっくり返されにくい、安定感のあるものを選ぶようにすると良いでしょう。

水入れの水は、排泄物や床材が入っているのを見つけたら、すぐに取り替えます。また、水を取り替えるだけでなく、水入れ自体も定期的にスポンジなどでしっかり洗浄して、コケなどが生えないように注意しましょう。

飼い主が見ている時に、飼育しているヒョウモントカゲモドキが、水入れから水を飲んでいる姿を一度も見たことがない場合でも、夜間の活動時間に水を飲んでいる可能性があります。また、ほとんど水入れから水を飲まない個体でも、身体に十分な脂肪を蓄えているものでは、身体に蓄えた脂肪を利用して水を得ている可能性があります。夏場の湿度の高い季節には、餌に含まれる水分で十分に補えていて、冬場の乾燥している季節のみ、水入れから頻繁に水を摂取することもあります。これらのことから、水入れから水を飲んでいる姿を見たことがなくても、水入れは常設して、常に新鮮な水が飲めるようにしておきましょう。

5．餌入れ：

餌をピンセットなどで直接与える場合には、餌入れは必要ありませんが、そうでない場合には、餌入れを用意します。

餌入れは、生き餌を入れる場合には、餌が逃げ出さない程度の高さがあり、また、ヒョウモントカゲモドキが餌を見つけやすく食べやすい高さのものを選びます。ヒョウモントカゲモドキが乗ることで容易にひっくり返されてしまうようでは困るので、ある程度重量と安定感のあるものを選びましょう。

市販の餌入れ

市販の水入れ

6. 照明器具：

ヒョウモントカゲモドキは夜行性なので、照明は必要ないと考えられがちです。しかし、その理論で言えば、昼行性の生き物には、夜の暗さは必要ないということになります。もちろん、明るい時間帯はシェルターなど、暗い場所で過ごしてはいますが、昼と夜の明暗のメリハリは、昼行性・夜行性の生き物を問わず作れるのであれば、作ったほうが良いでしょう。

小型のアクリルケージなどでは、ケージ内に照明をつけることは難しいですが、45cm以上の爬虫類用ケージなどで照明器具が設置できるのであれば、使用すると良いでしょう。照明はフルスペクトルライトを使用することで、ヒョウモントカゲモドキも、その照明をビタミンD_3合成に利用することができます。ただし、昼行性の爬虫類と異なり、ライトの下で全身に光を浴びてというよりは、シェルターから体をわずかに出したり、流木などを組んでレイアウトしているなら、木漏れ日が当たるような場所を探して、身を隠しながら短い時間ですが照明に当たります。大型のケージで、フルスペクトルライトを使う場合には、シェルターを1つ入れて、後は何もないという環境ではなく、コルクの皮や流木などをいくつか入れるなどして、シェルター以外に、条件の異なる光がわずかに届く場所をいくつか作ると良いでしょう。フルスペクトルライトを使用する場合、極端にUVBを多く照射するタイプのものを使用する必要はありません。

密閉度の高い小型のアクリルケースや、あまり高さのないケージなどでは、照明を設置することで、ケージ内の温度の上昇や照射距離が近過ぎて眩し過ぎるなどの理由から、直接ケージに設置することはできませんが、昼夜のメリハリは付けられるように、ケージの外からある程度距離を離して、普通の蛍光灯やLEDライトなどを明暗のメリハリを設ける目的で使用しても良いでしょう。

照明を利用する場合には、照明器具の熱でケージ内の温度が上昇し過ぎないように注意するとともに、必ず身を隠すことのできるシェルターを入れます。

市販されている爬虫類用の蛍光管

7. 保温器具：

　気温の下がる季節は、基本的に保温して飼育します。パネルヒーターのみを床に敷いて使用し、ケージ内を保温していると思っている人もいますが、パネルヒーターはケージ内を温めるための道具ではなく、その上に乗ることで腹部から体を温めるものです。ケージ内の空間温度を適温に保つためには、別に保温器具が必要になります。

　保温はヒョウモントカゲモドキの活動空間、すなわちケージ内の空間の温度を、ヒョウモントカゲモドキが活動するのに適した温度にすることを目的として行います。大きめのケージで飼育している場合には、ケージの天井面から保温器具を吊るすなどして、サーモスタットを用いて、適切な温度に管理します。ケージが狭い場合には、保温器具をケージ内に設置するのは不可能なため、飼育ケージを園芸用温室やさらに大きめの容器などに入れて、その中全体を保温器具とサーモスタットを用いて適温に保つようにします。あるいは、飼育している部屋をまるごとエアコンで温度管理するという方法もあります。ケージのみを保温する場合も、園芸用温室などに飼育ケージを入れて温度管理する場合も、保温器具にはサーモスタット（温度調節器。サーモスタットで設定した温度で接続した保温器具

床面を暖めるための保温器具（パネルヒーター）

爬虫類用サーモスタット

shop
店内の基本温度30℃

shopは店内全体をエアコンやストーブなどで暖めているので、プレートヒーターのみでOK

個人
部屋の温度18℃

ケースを暖めるには、ケース内を保温するかエアコンのある部屋で温度管理する、もしくは飼育ケースを保温された温室内で管理する

ヒョウモントカゲモドキの健康と病気

をオンオフし、設定した温度を保つための道具）を必ず接続するようにします。サーモスタットで保温器具を管理しないと、ケージ内の温度が目的の温度以上に上昇してしまう危険性があります。ただし、サーモスタットは上がり過ぎたケージ内の温度を下げる効果はないので、気温の上がる季節では、サーモスタットで管理されている保温器具は設定温度以上になればオフにはなりますが、外気温が設定温度以上に上昇すれば、ケージ内の温度も同様に上昇してしまいます。

保温をする場合、あくまでもヒョウモントカゲモドキが活動するのに適した温度になるように温度を設定しなければいけません。また、気温の上昇とともに、ケージ内の温度の上昇し過ぎにも注意が必要になります。気温の上昇する季節に、飼育ケージを置いている部屋の温度があまりにも高温になってしまう場合には、パネルヒーターの電源をオフにし、照明器具を使用している場合には照明も消し、部屋の換気扇や扇風機などを作動させたり、クーラーなどを使用して過度な温度の上昇を防ぎます。

適切な温度、すなわち、適切な体温を維持させて飼育しなければ、代謝機能が低下し、また、免疫力も低下して病気にかかりやすくなります。一度病気に罹ると重症化しやすくなったり、傷や病気が治りにくくなってしまいます。

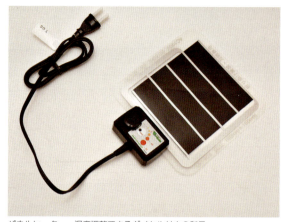

パネルヒーター。温度調整できるダイヤル付きの製品

飼育ケース内の上蓋の内側に取り付ける保温器具。上方向からケージ内の空間を暖めることができる

8．パネルヒーター：

パネルヒーターは、活動開始直後や食後などに、ヒョウモントカゲモドキが新陳代謝を上げる目的で利用する場所（昼行性の爬虫類でいうホットスポット）を提供する目的で設置します。

このため、パネルヒーターをケージの床面全体を占めるように敷くのは間違いだし、シェルターの下いっぱいに敷くのも、本来は望ましくはありません。ケージ内をちゃんと適温に管理していれば、夜間の活動時間帯に、ホットスポットとして利用すればよいものであり、常にパネルヒーターの上にいるような状態は、健全とは言えません。ケージ内の設定温度が低い場合には、パネルヒーターの上からずっと離れなくなり、また、シェルターの床面全体を占めるように敷いた場合、シェルターに隠れていたいという理由だけで、結果としてパネルヒーターの上にずっといなければならないことになってしまっていることもあります。また、あまりにも床の温度が高過ぎれば、シェルターを利用しなくなることもあります。

パネルヒーターは、ケージ内の空間温度を適切に保っているならば、シェルターの下に敷く必要はなく、もしも、シェルターの下にパネルヒーターを敷く場合には、もう1つパネルヒーターを敷いていない場所にシェルターを用意して、自由にシェルターを選択できるようにすると良いでしょう。また、パネルヒーターは夏季にケージ内の温度が上昇し過ぎる場合以外は、基本的に一日中作動させておいて問題はありません。

9．保湿器具：

日本の夏は高温多湿なので、保湿を考える必要は基本的にはありませんが、冬季は湿度が低く、比較的乾燥した地域に生息するヒョウモントカゲモドキにとっても、ケージ内の環境が乾燥し過ぎてしまうことがあります。

ケージ内の湿度管理の方法としては、ウエットシェルターの利用、ケージ内の定期的な霧吹きによる加湿、各種加湿器によるケージ内空間の加湿などが挙げられます。

ウエットシェルターは、シェルター内の加湿をメインとした加湿法ですが、狭く密閉度のそれなりにあるケージでは、ウエットシェルターから蒸発した水蒸気により、ケージ内の湿度もわずかに上昇します。霧吹きによる加湿では、霧吹き後一時的にケージ内の湿度が上昇しますが、継続して湿度が維持されるわけではありません。また、あまり霧吹きをし過ぎると、ケージ内が蒸れてしまい、ヒョウモントカゲモドキにとってストレス要因になるので注意しましょう。各種加湿器を利用することもできますが、ケージが狭い場合には、湿度が高くなり過ぎてしまうことも考えられます。ケージ内に加湿器を設置する場合、自作の気化式加湿器を利用すると良いでしょう。まず、ヒョウモントカゲモドキにひっくり返されないような、ある程度深さのある容器に水を入れ、そこにフェルトやスポンジなどを差し込みます。これで簡易式加湿器のできあがりです。乾燥が激しければどんどん蒸発するし、湿度が高くなれば水の蒸発が抑えられます。この場合、水を加える際にフェルトを水洗いし、カビが発生しないように注意します。

デジタル温度・湿度計。数値で把握しておくと管理しやすい

自作の加湿器。容器にスポンジやフェルトを入れて水を注ぐ

10. レイアウトグッズ：

環境エンリッチメント（動物福祉の立場から、飼育動物が楽しく暮らせるように、環境に変化を与えること）を目的に、レイアウトグッズを利用すると良いでしょう。

たとえば、自分がケージの中にいると想像してください。床はキッチンペーパー、寝床のシェルター以外何もない空間。食餌は決まった時間のわずか数分で食べ終えて、それ以外狭く何もない空間で過ごさなければいけない。どうですか、そんな生活耐えられますか。ヒョウモントカゲモドキも生き物です。数歩歩いたら壁にぶち当たるような空間で楽しい暮らしが送れているとは考えづらいでしょう。ある程度広い空間を提供して、ヒョウモントカゲモドキを飼育できるのであれば、流木やコルクの皮など、ヒョウモントカゲモドキが上り下りして遊ぶことのできるレイアウトをすることで、より本来の生態に近い生活をヒョウモントカゲモドキが送ることができるようにすることもできます。

ケージ内をレイアウトする際の注意点としては、レイアウトしたものが崩れてヒョウモントカゲモドキが下敷きになるような事故が起きないように、レイアウトの仕方や使用するレイアウトグッズを選びます。また、あまりこだわりすぎるレイアウトは、ケージのメンテナンスがしにくくなってしまうので、それらのバランスを考えて、ケージをレイアウトすると良いでしょう。

ヒョウモントカゲモドキは夜行性なので、基本的に飼い主が世話をしたり活動している明るい時間帯では、レイアウトした意味があるのか疑問に思われるかもしれませんが、照明を消してしばらくしてから、そっとヒョウモントカゲモドキのケージを覗けば、彼らが登ったり降りたり楽しそうにケージ内を動き回る姿を見ることができるでしょう。また、これが適度な運動に繋がり、より健康的な生活を送る手助けにもなります。

レイアウトグッツは天然のものに限らず、人工的なものを利用することもできます。たとえばハムスター用の回し車などを利用している人もいます。ただし、ヒョウモントカゲモドキがそれらを利用する際に、怪我を負うようなトラブルがないように、設置には注意が必要です。

コルク板などさまざまなものが利用できる

11．温度計：

　ヒョウモントカゲモドキは、外温性の動物なので、ケージ内の温度が体温に影響します。そのため、ケージ内の温度を知ることは、そのケージの中で飼育されているヒョウモントカゲモドキの体温が適切に保たれているのか知るために必要不可欠です。

　温度計は爬虫類用にいろいろ市販されているので、それらを利用することもできますし、市販の温度計をホームセンターなどで購入して利用することもできます。

　温度計でケージ内の温度を測定するうえで注意する点は、温度計はヒョウモントカゲモドキの基本的な活動場所、すなわち床面近くに設置するようにします。熱は上部へ上がっていくので、高さのあるケージで飼育している場合、特に冬季の保温時やケージの密閉度を高めて飼育している時などは、ケージ底面よりも上面のほうがやや温度が高くなってしまうことがあり、上面に温度計を設置すると、生活している場所の温度を的確に把握できなくなることもあります。また、温度計をパネルヒーターの真上に設置すれば、パネルヒーターの熱によって、空間の温度を適切に表示できないことがあります。ケージ内の温度を測定する目的で、サーモガン（赤外線照射型温度計）を利用する人もいますが、これは空間の温度を測定するのではなく、赤外線を照射した場所、たとえば岩に向けて照射すればその岩の温度を測っているにすぎません。ですから、サーモガンを使用して、パネル

ヒーターを使っている場所（床）の温度を測定して、その温度が仮に30℃と表示されたとしても、それはその床の温度を測定しているだけで、ケージ内の温度が30℃に保たれているわけではありません。ケージ内の温度が適切に保たれているかは、空間温度を知ることが重要です。サーモガンは、パネルヒーターを敷いている場所の床温度がどれくらいになっているのか確認したり、ヒョウモントカゲモドキの体に向けて測定することで、ヒョウモントカゲモドキの体表温度が、何℃くらいになっているのか知るのに利用すると良いでしょう。

　このように、ケージ内の温度を測定する場合、それぞれの温度測定器の特徴をよく理解して、適切に利用することが大切です。

市販の温度・湿度計

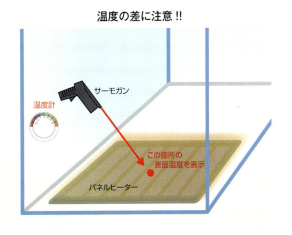

温度の差に注意!!

病気やケガを予防するためのレオパ飼育書

12. 湿度計：

　必ず必要というものではありませんが、湿度計を設置することで、ケージ内の湿度を知ることができ、湿度管理がしやすくなります。

　湿度計は、ケージ内に霧吹きをする際に、水が直接かからないように注意しないと、故障の原因になります。また、保温器具のすぐそばに設置することで、ケージ内の湿度よりも低く湿度が表示されてしまうことも考えられるので、設置場所にも注意しましょう。

13. ピンセット：

　餌を与える時に使用するピンセットは、先端が尖っていると、誤ってピンセットの先端をヒョウモントカゲモドキがくわえてしまった場合に、すぐに離さずに噛み続けることもあり、怪我を負うことがあります。また、配合飼料などをプラスチックの小さなスプーンで与えた時に、プラスチックが割れて、破片ごと食べてしまうなどのアクシデントが起こることもあります。ピンセットは先端の尖っていないものを用いて、また、餌の摘みかたを工夫して、餌のみをうまくヒョウモントカゲモドキがくわえることができるように与えましょう。また、スプーンなどを用いる場合には、割れない素材のものを利用します。

霧吹き

餌やりに便利。
竹製のピンセットなどが扱いやすい

ケージのセッティング

　ケージのセッティングは、ヒョウモントカゲモドキを持ち帰ってから行うのではなく、ヒョウモントカゲモドキを迎え入れる前に事前に行います。また、ケージも用意しないまま衝動買いをして、後から器具を揃えるなどということは、ヒョウモントカゲモドキに失礼です。ヒョウモントカゲモドキを衝動買いしたものの、器具を購入する費用がないので、適切な飼育環境が作れずに、結果として病気にさせてしまったり死なせてしまっては、生き物を飼育する意味がありません。

　ヒョウモントカゲモドキを飼育したいと思ったら、まずはその子のことを勉強し、何を食べるのか、どのような飼育器具が必要なのかよく調べ、飼育器具を事前に用意して、万全な体制で迎え入れるようにしましょう。

1．幼体の飼育：

　主にプラケースやアクリルケージで飼育されることが多いと思われます。幼体の飼育では、状態を把握しやすいという面からも、あまり大きなケージで飼育するのではなく、幅20×奥行30cm前後のケージを用意して、まずは飼育を始めると良いでしょう。ケージ内もあまり複雑なレイアウトはせず、シェルター・水入れ、必要に応じて餌入れなどを設置します。

　保温に関しては、ケージ全体の基本温度は27〜30℃を保つようにして、床面の一部にパネルヒーターを設置します。導入直後は購入したペットショップで管理されていた温度と同じ温度設定で、まずは飼育しましょう。

2．成体の飼育：

　成体も幼体同様に、プラケースやアクリルケースで飼育することが可能です。複数を個別に管理して飼育する場合には、これらのケースで飼育したほうが、メンテナンスがしやすいという利点があります。ただし、必ずしもこれらのケースで飼わなければいけないということではありません。飼育ケージには他にも選択肢はあります。もしも1匹だけを大切に飼育したいと思っているのなら、その子のために広い空間

60cm水槽での飼育例。コルクの皮や流木を利用してレイアウトしている

爬虫類用ケースを用いた飼育セッティング例。キッチンペーパーを敷き、シェルター・餌入れ・水入れを設置

40cmプラケースでの飼育例。高さのないケースでも工夫次第でいろいろレイアウトできる

ヒョウモントカゲモドキの健康と病気

を提供してあげることを考えても良いでしょう。

広いケージとしては、市販されている爬虫類用ケージの45〜60cm程度のものが利用しやすいでしょう。このくらいのサイズのケージならば、ケージ内に保温器具を設置して、サーモスタットで温度を管理することもできます。また、ヒョウモントカゲモドキが夜間の活動時間に遊べるように、流木やコルクの皮などを設置することで、活動できる範囲が床面だけでなく、立体的にも動けるようになり、運動面積を格段に増やすことができ、ヒョウモントカゲモドキにとって、楽しい空間を提供することができるでしょう。

飼育温度は25〜30℃を保ち、床の一部にパネルヒーターを設置します。成体では20℃前後まで空中温度が下がっても、床の一部にパネルヒーターが設置されていれば、餌を食べることができます。ただし、繁殖を目的としているなどの理由がないのであれば、あえて温度を下げる理由はないし、飼育温度を下げることで、ヒョウモントカゲモドキの代謝機能が低下するので、体調を崩してしまうリスクもあります。成体においても、導入直後は入手先で管理されていた温度と同じ温度設定にして飼育すると良いでしょう。

愛好家の飼育例

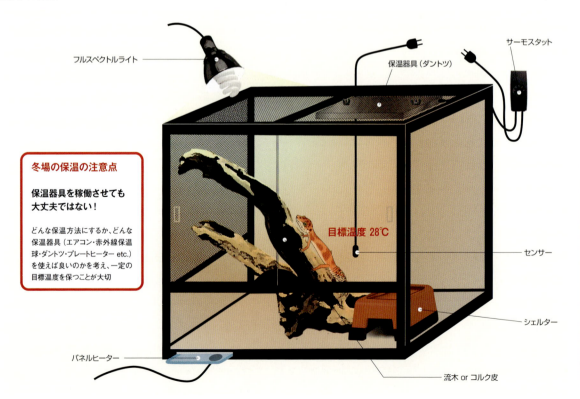

冬場の保温の注意点

保温器具を稼働させても大丈夫ではない！

どんな保温方法にするか、どんな保温器具（エアコン・赤外線保温球・ダントツ・プレートヒーター etc.）を使えば良いのかを考え、一定の目標温度を保つことが大切

IV
ヒョウモントカゲモドキを迎え入れたら

Ⅳ ヒョウモントカゲモドキを迎え入れたら

家に連れてきたら

　事前に用意したケージに移します。あらかじめケージ内の温度を適切に保っておき、すぐに迎え入れたヒョウモントカゲモドキをケージへ移せるように準備しておきましょう。ヒョウモントカゲモドキを迎え入れてからケージをセットするようでは、仮にそのセッティングがうまくいかなかったり、温度設定がうまくいかないなどのトラブルがあると、お迎えしてからすぐに体調を崩させてしまうこともあるので注意しましょう。

　お迎えしてから数日は、慣れない環境で緊張している子もいるので、あまり触らないようにします。この時期にケージのレイアウトや置く場所を頻繁に変えるのも控えましょう。迎え入れて1週間くらいは、排泄に異常はないか、動きに異常はないかなどを注意して観察し、もしも異常が認められたならば、飼育環境に不備がないか再確認し、必要に応じて動物病院で診察を受けるようにします。

　餌を与えられた直後に移動した場合には、食べた餌を吐き戻すこともあります。入手先から連れ帰る途中や、連れ帰った直後に吐き戻しが認められたら、その日に餌を与えられていたか確認して、もしも食後に移動した結果、吐き戻しが見られた場合には、慌てずに、翌日は餌を与えずにそっとしておき、水入れだけを入れて、ゆっくり体を休ませてあげましょう。ただし、その後も拒食や吐き戻し、下痢などの異常が見られる場合には、動物病院で診察を受けるようにします。

日常の世話と注意点

　日常の世話について、まずは理解しやすいように昼行性爬虫類を例に考えてみましょう。昼行性のトカゲを飼育している場合、まず朝にフルスペクトルライトとスポットライトを点灯させます。トカゲはバスキングライトの下で体温を上昇させ、代謝を活性化して、餌を探して動き回ります。このくらいのタイミングで餌を与えると、元気に食餌をして、食後にまたしばらくバスキングライトの下で代謝を上げて消化などを行いながら、その後はケージ内を動き回り、バスキングをし、眠るなどを繰り返して、消灯までの時間を過ごします。また、この照明を点灯している間に、多くの飼育者は、ケージ内の清掃などを済ませます。照明が消されれば、トカゲは寝床に戻るなどして朝まで眠ります。

　それでは夜行性であるヒョウモントカゲモドキは、どのような生活を送っているのでしょうか。本来の活動時間は夜なので、飼育下では照明が消された後に、活動時間が訪れます。照明が消されるとともに、シェルターから顔を出し、餌を探しに徘徊します。そこで餌にありつければ、飼育下では体温を上げるためにパネルヒーターの上などで休んだり、ケージ内の温度が夜間でも暖かく管理されていれば、またシェルターに戻り、しばらくするとまたシェルターから出てきて、ケージ内を歩き回るなどして朝まで過ごします。朝になり、飼育ケージの置かれている部屋が明るくなったり、ケージに設置されている照明が点灯する頃には、活動をやめてシェルターで眠りにつきます。

　これらのことを考慮して、ヒョウモントカゲモドキの日常生活を考えてみると、餌の時間は照明を消す前くらい、ケージの清掃やケージから出してスキンシップを行う時間も消灯前が良いでしょう。あまり明るい時間帯にこれらの作業を行うと、ヒョウモントカゲモドキの寝ている時間帯に餌やメンテナンスを行うことになります。

ヒョウモントカゲモドキは夜行性

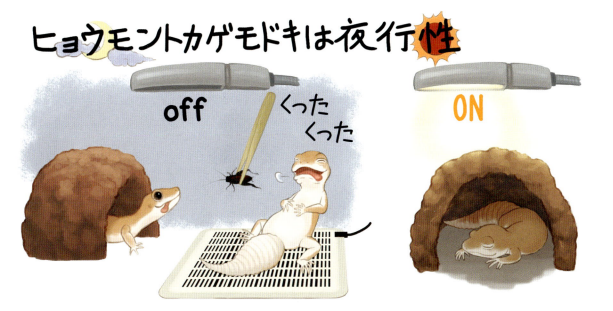

　日常の世話としては、
① ケージの清掃
② 給餌
③ 給水
④ 照明を利用している場合には、そのオンオフ
⑤ ケージ内の温度および湿度の確認
⑥ 排泄物のチェック
⑦ 霧吹きを行うならば霧吹き
⑧ 全身状態のチェック
　などが挙げられます。

①ケージの清掃：

　キッチンペーパーなどを利用している場合には、毎日か数日おきに交換します。また、適当な間隔でケージ自体も水洗洗浄しないと、ケージ内に排泄物などのにおいが染み付いてしまいます。ケージを洗浄する場合、よほど汚れが落ちないという場合を除いて、基本的には洗剤などは使わずに洗浄します。爬虫類用の床材を利用している場合には、排泄物の周辺だけ排泄物ごと取り除く場合でも、1カ月に最低1回程度は、床材全部を取り替えるようにすると良いでしょう。また、この時にケージの洗浄も行うようにします。
　ケージ内を流木などでレイアウトしている場合、それらに排泄物が付いてしまっている場合などでは、歯ブラシやタワシ・スポンジなどで汚れを落として洗浄します。洗浄後はしっかり乾燥させてからケージに戻します。シェルターにおいても、汚れ具合によっては洗浄しましょう。

②給餌：

　成長期の幼体では、毎日あるいは1、2日おき程度で餌を与えます。餌のサイズは昆虫、配合飼料ともに、ヒョウモントカゲモドキの頭の大きさの1/3から1/2程度のサイズで良いでしょう。ヒョウモントカゲモドキは口が大きく、自分の頭の大きさよりも少し小さなサイズの虫でも食べてしまいますが、あまり大きなサイズの餌を一度にたくさん与えると、食べた直後に吐き戻すこともあります。人間ではいろいろな大きさの食べ物を口に入れても、咀嚼して細かく噛み砕いてから呑み込みますが、ヒョウモントカゲモドキは口に入れた昆虫を、2、3度咬んで弱らせたり殺してから、丸呑みしてしまいます。大きなサイズの餌を与える場合には、あまりたくさん食べさせ過ぎないようにすることと、特に昆虫の場合、大きなものを丸呑みすると消化に時間がかかるので、数日おきに与えたほうが良いでしょう。配合飼料においても、与え過ぎは禁物です。いずれの場合も、毎日お腹いっぱいになるまで餌を与えている場合、突然数日餌を食べなくなったり、吐き戻したり、時に未消化の便をすることがあります。このような場合には、餌を与え過ぎていないか一度考え

てみましょう。

　成長期の個体に毎日餌を与えたい場合には、餌の与え過ぎに注意します。また、成長期の場合、成長とともに餌の量を増やしていくことも忘れてはいけません。成長期はいつまでも続くわけではないので、ある程度の段階で、餌の量を増やすことをやめる必要があります。入手当初、幼体ならば日に日に体が大きくなるのがわかるはずです。それが、だんだん成長している感じがなくなり、大きさに変化がなくなったら、もう、餌を増量していく必要は基本的にはありません。成長状況を把握するために、定期的に体重を測定するのも良いし、適切な餌の量を与えられているかは、尾の太さを目安にしても良いでしょう。成長期を過ぎても、餌を増やし続けたり、頻繁に餌を与え続けると、肥満の原因になります。餌の頻度や一度に与える餌の量は、尾の太さや成長スピードなどを参考に、それぞれの飼育者が判断します。また、成長期のものに昆虫を主食として与えている場合には、多くがカルシウム不足から代謝性骨疾患（クル病）になる可能性が高くなります。このため、体が成長を続けている期間は、カルシウム剤の添加を怠らないようにして、ビタミンD_3合成をヒョウモントカゲモドキ自らができない環境で飼育している場合には、ビタミンD_3が添加されているカルシウム剤や、カルシウム剤と総合ビタミン剤を併用して昆虫を与える際に添加するようにします。人工フード（配合飼料）を主食にしている場合には、それぞれの飼料に添加されているカルシウムやビタミンD_3が成長期のヒョウモントカゲモドキの必要量を満たしている場合、カルシウムなどを添加する必要はないので、各フードの説明書を読んだうえで、これらサプリメントを飼料に添加するか判断しましょう。

　成体では、その子の状態を見ながら数日に1回のペースで餌を与えれば十分です。餌のサイズも、飲み込めるからと口いっぱいに頬張るような大きなサイズの餌ばかり与えると、吐き戻しが見られることもあるので、注意しましょう。常に同じサイズの餌を与えるよりも、餌のサイズにある程度ばらつきを持たせるのも良いでしょう。与える餌の量は、飼い主がそれぞれの子の状態を見て決めていきます。成体では、どんどん体を作って大きくなる時期は過ぎているので、しっぽの太さを判断基準に、あまりにも太くなり過ぎていたら、餌の頻度か量を減らし、尾が細めであるなら、餌の頻度を増やすか1回に与える餌の量を多くしましょう。

　成長期の個体・成体ともに、一日に何度も餌を与える必要はありません。原則的に、彼らが活動を始める消灯前くらいに1回餌を与えれば良いでしょう。

　餌の量や頻度は、その子の成長段階・運動量（ケージの広さ）・飼育温度（代謝の状況）・餌のカロリー・メスならば産卵前か後かなどでも変わってきます。ですから、それぞれの個体の状態や飼育状況によって、臨機応変に対応していくことが大切です。

ヒョウモントカゲモドキ専用の人工フードは、いくつかの製品が店頭に並ぶ（写真はレオパゲル）

人工フードを狙うヒョウモントカゲモドキ。幼体と成体で与える量とペースを調整するが、尾の太さなどから個体の状態を見極めて対応すると良い

③給水：

　水は新鮮なものを常に常設しておきます。ヒョウモントカゲモドキは体腔内や尻尾に脂肪を溜め込み、これを利用して水を作る（代謝水）こともできますが、蓄積している脂肪量によっては、容易に脱水に陥ることもあります。また、ケージ内の空中湿度が極端に低い場合や餌に含まれる水分が少ない場合には、頻繁に水を飲むこともあります。水入れを入れておいても、うちの子は水を飲まないという人もいますが、ヒョウモントカゲモドキは基本的には夜行性の動物です。夜、電気を消して飼い主が寝る頃に活動を開始して夜間の活動時間帯に水を飲んでいるので、飼い主が起きている明るい時間帯に飲水を確認できないからといって、水を飲んでいないとは限りません。なお、飲料水にビタミン剤などのサプリメントを溶かして使用する場合、個体によっては、水に味が付くと飲まなくなることもあるので注意が必要です。

　水の交換も毎日、照明を消す頃に行うことで、消灯後にヒョウモントカゲモドキが新鮮な水を飲むことができます。

水入れ。爬虫類用の製品が市販されている

④照明のオンオフ：

　照明器具を使って昼夜のメリハリを付けている場合には、照明器具のオンオフをします。照明点灯時間は、昼行性の爬虫類と同じで良いので、点灯時間は8～12時間程度で設定します。昼夜のメリハリをつけることで、より消灯後のヒョウモントカゲモドキの活動が活性化しやすくなります。

　照明器具をケージ内に設置する場合、照明器具から出る熱により、ケージ内の温度が変化することもあります。特に気温の上昇する季節には注意が必要です。適温域を超えるほどの高温が持続することで、熱中症や食欲不振などの症状が見られるようになることもあります。ケージ内の熱源としては、他にパネルヒーターもあります。これら発熱する器具は、気温の下がる季節にはさほど問題にはなりませんが、気温の上がる季節に、ケージ内の温度をエアコンなどの空調で管理していない場合、想定している以上にケージ内の温度を上昇させてしまうこともあるので、注意しましょう。

⑤ケージ内の温度および湿度の確認：

　日本には四季があるので、どの季節にヒョウモントカゲモドキを迎え入れたかによって、初めのケージの環境設定に違いが出ます。冬にヒョウモントカゲモドキを迎え入れた場合、ケージ内の温度を暖かく保つための努力をし、夏に迎え入れたのなら、あまり温度を気にしないか、逆に温度の上昇に注意して飼育します。いずれかの季節にヒョウモントカゲモドキを迎え入れて、季節が過ぎ、それぞれのお迎え時期と逆の季節になった時に、最初に設定した環境では、ヒョウモントカゲモドキにとって好ましくない環境になってしまっていることも考えられます。これらのことも考慮して、ケージ内には温度計を設置して、定期的にケージ内がヒョウモントカゲモドキにとって適切な温度に保たれているか確認する必要があります。

　ケージ内の温度を確認する場合、ケージ内の空間温度のほか、可能であればパネルヒーター設置場所の床表面温度、シェルター内温度の3カ所の温度が確認できると理想です。

ケージ内の空間温度を測定する場合、高さのあるケージで飼育している場合では、ヒョウモントカゲモドキの活動エリア、すなわちケージの低い場所、床から1/4程度の高さに温度計を設置します。床にぴったりと温度計を付けてしまうと、床面の温度を測定してしまう可能性もあるので、床よりも少し高いところに設置しましょう。シェルター内の温度を測定するには、センサーと温度を表示する本体が別になっているようなデジタル式温度計などが利用しやすいでしょう。特にウエットシェルターを使用している場合には、シェルター内の温度を測定できると良いでしょう。床の表面温度の測定にはサーモガンを利用すると便利です。これら3カ所の温度を測定しないとしても、ケージ内の気温がわかるように、温度計を1つは設置しましょう。

湿度計はケージ内の空間湿度を計ります。ウエットシェルターを使っている場合に、シェルター内を測定する人もいますが、ウエットシェルター内の湿度は基本的には高く保たれているので、シェルター内の湿度を測定する必要はないでしょう。

ケージ内の温度と湿度は毎日確認して、温度などが適切に保たれていない場合には、改善するようにしましょう。

⑥排泄物のチェック：

ちゃんと排泄をしているか、異物が混じっていないか、消化不良がないか、血液などは混じっていないかなどを確認することも日課にしましょう。体の小さな生き物ですから、なかなか異常を早期に発見することは難しいと言えます。飼育ケージ内から得られる情報をできるかぎり読み取ることが、より早く異常を発見するのに役立ちます。

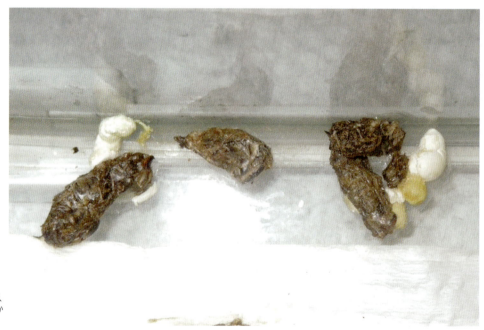

排泄物を観察することで、飼育個体が健康かどうかを推し量ることもできる

⑦霧吹き：

　霧吹きを行う場合、照明を消す時に行うようにします。ただし、霧吹きは絶対に行わなければいけないというものではありません。たとえば、入手先のショップなどで霧吹きで水を飲ませていたという場合では、入手直後は霧吹きで水を飲ませるようにするのも良いでしょう。この場合でも水入れは用意して、新鮮な水はいつでも飲めるようにしておきます。

　ケージ内に霧吹きをする場合、あくまでも空中湿度を上昇させる目的で行うので、ケージ内全体に、敷いている床材までもがビシャビシャになるほど湿らす必要はありません。また、密閉度が高く、熱がこもりやすいケージでは、霧吹き後に、ケージ内の壁面が結露して、高湿度の蒸れた状態が持続してしまうこともあります。このような環境は、ヒョウモントカゲモドキにとってストレス要因になります。霧吹きをする場合、自分が使っているケージの特性を理解して、あくまでもケージ内の空中湿度が適切に上昇するように、霧吹きの頻度や霧を吹くエリアを決めましょう。基本的には、ケージの床面に霧を吹く必要はなく、ケージの壁面1、2面程度に、霧吹きをすれば良いでしょう。本来、空中湿度の上昇を目的として霧吹きをしているということを忘れてはいけません。また、霧吹きは一過性に湿度を上昇させることはできても、持続して湿度を保つことはできません。ケージ内の湿度が常に下がり過ぎてしまう（30％以下など）場合には、ウエットシェルターを利用したり、ケージの大きさや設置のしやすさなどを考えて、ちょうど良いサイズの気化式加湿器などを自分で作って設置すると良いでしょう。成体では、冬季の間、ある程度低湿度状態が続いても、飲み水の供給と秋までに蓄えた脂肪があれば、大きな障害になるとは考えづらいですが、幼体では、度を越した低湿度環境が数カ月持続することは、脱水などの原因にもなり、好ましくありません。

霧吹きは空中湿度を高める目的で、壁面の1～2面程度に。
過度な霧吹きは蒸れ過ぎの状態になってしまうので注意

ヒョウモントカゲモドキの健康と病気

⑧全身状態のチェック：

ヒョウモントカゲモドキは夜行性なので、基本的に飼い主が触る目的でケージから出さないかぎりは、飼い主の活動時間である明るい時間帯はシェルターに隠れて眠っています。このため、ほとんど触らない、給餌も置き餌で、朝見たら餌がなくなっていることで食べているかどうか確認しているなどという場合には、もしも飼育している子に何らかの異常が現れていても、その異常に気付くまでに、時間がかかってしまうかもしれません。

このため、1週間に1回程度は、全身状態を確認するために、ケージから出してみたり、もしくは照明を消してしばらくしてから、赤色のライトで、飼育している子の行動を含め、全身状態を観察するようにすると良いでしょう。

時々、飼育ケージから出してみるなどして、個体の状態をよく観察するのも、長く付き合うコツ

温度と湿度管理

　基本的なケージ内の空間温度は25〜30℃の間で管理すれば良いでしょう。冬季の数ヵ月間、夜間一時的に15℃程度まで気温が低下したとしても、昼間に温度を上昇させておければ、秋までの間にしっかり栄養を蓄えている健康な成体ならば、代謝が低下して休眠状態になるなど活動が低下することはありますが、すぐに死に至ることはありません。しかし、意図的に温度を下げる必要はありません。適温域から外れた温度での飼育は、それぞれの個体の状態によっては、体調を崩させる危険性もあるので注意が必要です。孵化後数ヵ月程度の幼体では、温度を下げて飼育せずに、成体よりもやや高めの温度設定で飼育したほうが安全です。

　しっかり成長した成体では、昼夜で温度差をつけることも可能です。日中は25〜30℃で保温して、夜間はそれより3〜5℃温度を下げて飼育しても良いでしょう。夜間に温度を下げる場合にも、ケージの床の一部にホットスポットとして、パネルヒーターを設置して、暖を取れる場所を作ります。幼体では、体力のない子もいるので、昼夜の温度差を付けないほうが良いでしょう。また、幼体・成体に関係なく、原則的に入手直後の個体は、入手先と同じ設定温度で飼育を始めるようにします。最近は飼育下で繁殖された個体がほとんどで、孵化してから一度も低温に晒されたことがなく育てられ、さらにどちらかと言えば高温（30℃くらい）で飼育管理されてきたものが多いため、購入後も同等な温度管理で飼育したほうが安心でしょう。孵化してからこれまで管理されてきた飼育温度よりも、低めの温度で新たに飼育を行うことにより、それが本来のヒョウモントカゲモドキの飼育（生存）可能な温度であったとしても、低温環境を全く経験したのことのない個体にとっては、体調不良や病気を引き起こすなどさまざまなトラブルの原因になりかねません。

　入手直後の幼体では、特にしっかり保温して飼育するようにします。基本的には入手先の温度管理を参考に温度設定を行うようにしましょう。また、体調の悪いものや病気治療中のものは、低温環境での飼育は避けるようにし、しっかりと適切な温度下で管理します。

　ケージ内の湿度は50％程度を保っていれば良いと思われます。冬季に30％以下にまで湿度が下がってしまう場合には、ある程度の加湿を考えたほうが良いかもしれません。特に幼体や状態の悪い個体、痩せている個体では、度を越した乾燥状態は容易に脱水を引き起こし、さらに状態を悪化させる原因になるので注意します。また、乾燥と同時に度を越した高湿度状態も、ケージ内の細菌やカビなどの増殖を容易にし、アンモニアなども発生しやすくなり、ヒョウモントカゲモドキに大きなストレスを与えることとなります。夏季にあまりにも湿度が上がり過ぎてしまうような場合には、換気をしたり除湿剤などを利用しても良いでしょう。

持ちかた

多くのケージは、ケージ上部に蓋があり、こ␣こからヒョウモントカゲモドキを取り出すことになります。しかし、触られることに慣れていない個体では、頭上から大きな生き物に見つめられ、大きな手で全身を掴まれて持ち上げられることに、恐怖を感じます。特にシェルター内に隠れていて、眠っている時などに、急にシェルターを外されて持ち上げられれば、驚くのは当然です。このような場合は、まず初めにケージをコンコンと叩くなどして、これから何かが起こりますよという合図をします。それからそっとケージの蓋を開け、シェルターをどかして持ち上げるようにします。初めは理解できないかもしれませんが、何度か繰り返すうちに、ヒョウモントカゲモドキは「コンコン」とケージを叩くと、何かが起こるという合図だと認識してくれるようになるでしょう。これで、突然持ち上げられる恐怖を軽減することができます。叩くのは、これから何かをするよという合図になるので、何もしない時にはケージを叩かないようにしましょう。

可能であれば、ヒョウモントカゲモドキがシェルターから出ている時に触るようにすると良いでしょう。シェルターは身を隠す大切な避難場所なので、その場所は侵さないようにできるのが理想的です。

ヒョウモントカゲモドキの持ちかたとしては、手のひらをヒョウモントカゲモドキの目の前に下ろし、そっとその上に乗るようにヒョウモントカゲモドキを誘導するか、片手でヒョウモントカゲモドキを上から掴み、すばやくもう片方の手のひらに乗せます。いずれも手の上で暴れるようなら無理をせずにケージに戻します。ヒョウモントカゲモドキを持ち上げる際には、尾を掴まないようにしないと、自切させてしまうこともあるので注意しましょう。特に、手の上に乗せていたヒョウモントカゲモドキが急に動いたことに飼い主が反射的に反応して、落ちないように慌ててしまった時などに尾を誤って掴んでしまい、自切させてしまうアクシデントが引き起こされることがあります。

ヒョウモントカゲモドキもわれわれ人間と同じように、それぞれ性格が違います。おっとりしている子・怒りっぽい子・触られても平気な

正しい持ちかた。手の上でヒョウモントカゲモドキが安定するように。低い位置が望ましい

尾を持ち上げて揺らすのは興奮状態。触れるのはやめ、落ち着くまで待つ

子・触られるのを嫌う子など、いろいろです。家にお迎えしてからすぐは、慣れない環境で緊張しています。そのような時に全く知らない大きな生き物に持ち上げられることは、自分がその立場になって考えたら、大きな恐怖に過ぎません。ヒョウモントカゲモドキに触る時は、それぞれの性格や状況をよく考慮して、怖がりな子ならば、焦らず時間をかけて仲良くなるようにしましょう。その過程で、無理せず手のひらに乗せたりできるようにしていきます。

四肢だけを摘み上げることはしない

幼体の持ちかたも同様に。ただし、手で触れられることに慣れていない個体も多いので慎重に

頭だけを摘むのも禁止。下からそっと持ち上げるように

スキンシップ

　ヒョウモントカゲモドキにも感情はあります。「楽しい」「嫌だ」「お腹が空いた」「怖い」など生き物である以上、人間と同じです。人のように長期記憶ができて、昔あったことを思い出したりとか、数日前のことを思い出して後悔したりすることができるかは解りませんが、われわれ人間と同じように、日々、いろいろなことを感じながら生きています。相手に感情がある以上、飼い主の自己満足のためだけに触るのは良くありません。相手の気持ちも考えて、どの時間帯に触られるのが良いのか、どんなふうに扱われるのが嫌なのか、どのように触られると落ち着くのかなど、相手の気持ちになって考えてみることが必要です。また、人と同じように個々で個性があり、性格も違います。臆病な子を持ち上げて触るのは、相手にとって恐怖でしかありません。人でも、初めて会った人に体を触られれば、恐怖を感じるでしょう。少しずつ相手を理解しながらお互いの距離感を縮めていくように、ヒョウモントカゲモドキとスキンシップをとりましょう。それぞれの性格を見極めて、警戒心が強い子ならば、時間をかけて仲良くなるよう努めます。触ったり持ち上げた時に、口を開けて威嚇したり、排泄をしてしまう場合、あるいは体をひねって逃げようと抵抗する場合には、無理に持とうとしてはいけません。触られることが恐怖と認識してしまうと、その行為を飼い主が繰り返すことで、人の手が近づくことイコール恐怖というように認識されてしまう可能性もあります。触る時には、恐怖を感じさせないようにすること、相手が嫌がる時には、無理に触ろうとしないことが大切です。触られることイコール楽しいと相手が思ってくれれば、双方にストレスなくスキンシップをとることが可能になります。触った後に餌を与えてみたり、手に乗せてから餌を与えるなどを繰り返し行うことで、自ら手の上に乗ってくれるようになったり、初めは単に餌がほしくて手に乗るだけだったとしても、次第に手に乗るイコール楽しいと思ってくれるようになるかもしれません。

　ヒョウモントカゲモドキをケージから出してスキンシップをとる場合、相手が眠っている時間である昼は避け、ヒョウモントカゲモドキが活動を開始する消灯前くらいに行うのが良いでしょう。日中の本来の睡眠時間中に、さらに明るい照明下で、シェルターから引きずり出されて触られることは、彼らにとってストレスになります。可能であれば、自らシェルターから出てきた時に、あるいは自らシェルター出てくるようにして、その後に触るようにすると良いでしょう。シェルターは彼らにとっては唯一の逃げ場所であり隠れ家なので、それをどかして無理やり掴んでケージから出して触るようでは、本当の信頼関係を築いたうえでのスキンシップがとれるようになるには、時間がかかってしまうでしょう。

　ケージから出して触れ合う際の注意点としては、手のひらに乗せるなどした時に、誤ってヒョウモントカゲモドキを落とさないようにすることです。言葉が通じるわけではないので、何かに驚くなどして、突然手から落ちてしまうことも考えられます。高い場所から落下すれば、内臓破裂や骨折・脊椎損傷など命に関わる怪我を負うこともあります。このような事故を防ぐためにも、手に乗せて触れ合う時は、飼い主は床に座って、万が一落としてしまっても、ヒョウモントカゲモドキが大きなダメージを受けないように注意しましょう。また、高いテーブルの上に乗せたりする場合にも、落下事故には注意が必要です。部屋の床に放して遊ばせる場合には、目を離さないようにします。わずかに目を離した隙に、冷蔵庫の裏などに逃げ込んでしまうとうこともあります。ふだんゆっくりとした動きの子でも、ここぞと決めた時には、すばやい動きで隠れてしまうことがあるので注意が必要です。手のひらに乗せている時や、床などで排泄をしてしまった場合には、すぐに取り除き、手を石鹸で洗い、また、床は除菌シートなどで拭き取りましょう。

　ヒョウモントカゲモドキは、長い年月人工的に繁殖され、いくつもの品種が作り出されてきた生き物ですが、どんなに家畜化されても、野生の本能を完全に取り去ることはできません。

Ⅳ ヒョウモントカゲモドキを迎え入れたら

落下のリスクも考え、飼い主が座ってそっとスキンシップをとる

時折、こんなシーンも。すっかり手の上で落ち着いたヒョウモントカゲモドキ

ヒョウモントカゲモドキはどんなに人に慣れていたとしても、人になることはなく、あくまでもヒョウモントカゲモドキという生き物として生きています。このため、人の都合を押し付ける飼育ではなく、ある程度ヒョウモントカゲモドキの持つ野生の本能を満たしてあげることができれば、飼育者とヒョウモントカゲモドキ双方にとって、幸せな生活が送れるのではないでしょうか。

　これらのことを踏まえて、それぞれの飼育者がヒョウモントカゲモドキとのスキンシップの方法を考えて、飼育者の自己満足だけでなく、双方が楽しめるスキンシップがとれるようになることが理想的です。

常にヒョウモントカゲモドキにとって無理のないように触れ合うことが大事

病気やケガを予防するためのレオパ飼育書　**59**

霧吹きの注意点

　前の項でも説明しましたが、霧吹きはあくまでもケージ内の空中湿度の上昇を目的として行い、また、壁面に付いた水滴を飲ませる目的などで行われます。このことを理解して行わなければ、逆にヒョウモントカゲモドキに大きなストレスや障害を引き起こす原因になります。床材がビショビショになるほどに霧吹きをする人もいますが、基本的に床材を湿らす必要はありませんし、湿地帯に生息する生き物ではないので、このような状態は逆に飼育環境を悪化させてしまう可能性があります。冬に家の乾燥を防ぐために加湿器を使う人はいますが、自分の家の中にバケツで水を撒く人はいないと考えれば解りやすいかもしれません。また、霧吹きをしたことで長時間ケージ内が蒸れた状況になってしまうのもヒョウモントカゲモドキにとってストレス要因になります。

　一般的に霧吹きは、日没後に霧が発生して、ヒョウモントカゲモドキの活動が活性化されるのを再現するためと、ケージ内の空中湿度を管理する目的で行われます。しかし、霧吹きによる空中湿度の上昇は霧吹き後の一時的なものにしかすぎないことを理解しておきましょう。

　ヒョウモントカゲモドキが脱皮しそうになり、脱皮する皮が浮いてきたのを発見すると、ケージ内のみならずヒョウモントカゲモドキの体全身に頻繁に霧吹きをする人がいますが、これは好ましくありません。せっかく脱ぎ捨てるべき皮が浮いてきているのに、直接体に霧吹きして濡らしてしまうことで、浮いた皮が濡れて皮膚に張り付き、この状態で再度乾燥すると、脱皮して脱ぎ捨てるべき皮が剥がれないままになってしまうことがあります。特に指先などは、一度浮いた皮が再度張り付くとヒョウモントカゲモドキは自力で皮を剥がすことができなくなることもあり、脱皮不全の原因になります。脱皮すべき皮が浮いてきている時には、余計なことはしないで、そっとしておくとよいでしょう。また、脱皮時に霧吹きする際にも、ケージの壁面に霧吹きする程度にして、あくまでもケージ内が乾燥し過ぎている場合に、ケージ内の空中湿度をある程度の時間適切な湿度に保つ目的で行うと考えましょう。

　霧吹きでの加湿は一過性のもので1時間から数時間で、また元の湿度に戻ってしまいます。ケージ内が常に非常に乾燥してしまうような場合は、霧吹きでの加湿ではなく、加湿器を設置するなど、別の方法でケージ内が常時適度な湿度に保てるようにするのが望ましいでしょう。

温浴

　ヒョウモントカゲモドキには、基本的に温浴は必要ありません。仮に行う理由付けとしては、体が何らかの理由で汚れた時にその汚れを落とす目的、もしくは脱皮不全を起こし、指先や尾などに脱皮片が残ってしまった時に、それらをふやかして取り除く目的で行います。

　脱皮不全時に、脱皮片を取り除く目的で温浴を行う場合、脱皮片に水が浸透してふやけたら、先端が細いピンセットなどを用いて、張り付いて残っている脱皮片をていねいに取り除きます。この際、脱皮片の取り残しがあると、体が再度乾燥した時に、よりしっかりと残りの脱皮片が皮膚に張り付いてしまうことになるので、全ての脱皮片を皮膚に傷を付けないように、ていねいに残さずに取り除くことが大切です。

　温浴はヒョウモントカゲモドキにとって大きなストレスとなる可能性もあります。もしも、温浴を行う場合は個体の状態をよく観察し、嫌がったり脱出しようとするそぶりが見られた場合は、中止しましょう。

季節ごとの管理：

1．春

比較的温度管理も楽で、これから温度も上昇してくるという季節なので、初めてヒョウモントカゲモドキを飼育しようと考えている人や、幼体から育てたいという人が飼育を始めるには良い季節かもしれません。昼夜の温度差はあるので保温管理は必要です。

成体では繁殖期の季節なので、繁殖を考えている場合には、この時期にペアリングをすると良いでしょう。冬季にあまり食欲がなかった個体や飼育温度を下げて餌の量を減らしていた場合などは、食欲が戻ってくる季節なので、しっかり餌を与えて冬の間に消耗した体力を取り戻させるようにしましょう。

2．夏

梅雨が終わり夏に入ると、ヒョウモントカゲモドキにとっても過酷な高温に晒される危険のある夏が訪れます。特に小型で密閉度の高いケージでは、ケージ内が蒸れてしまいやすくなったり、冬のままパネルヒーターなどの保温器具を使い続けることで高温になることがあるので注意しましょう。もしも、パネルヒーターなどの熱によりケージ内の温度が上昇し過ぎる場合には、パネルヒーターのエリアを小さくしたり、夏の間は取り除いてしまってもかまいません。また、冬場の保温効果を期待して通気の悪いケージを利用している場合には、夏場の気温が上昇する時期だけ、通気性の良いケージで飼育するという方法もあります。

ケージが高温になる以外に、飼い主が暑がりの場合、エアコンを使用することで、夏場でもケージ内が冷えてしまうことがあります。エアコンの設定温度は飼い主の好みになるため一概には言えませんが、エアコンを使い始めてからヒョウモントカゲモドキの食欲が落ちたなどという場合には、エアコンの冷気が原因になっていることもあります。ケージ内の温度の上昇を防ぐ目的で、エアコンを使用する場合には28～30℃設定で十分です。

日本の夏は高温多湿な気候なので、この時期にウエットシェルターを使い続けると、シェルター内が高湿度になり過ぎて、ヒョウモントカゲモドキにとって利用しにくい環境になります。ケージ内の湿度を見て、ケージ内が乾燥状態でないのならば、ウエットシェルターを利用する必要はありません。ウエットシェルターしか持っていない場合には、水を入れるのをやめて、湿度の高い時期はドライシェルターとして使用しましょう。

3. 秋

　気温の変化が大きくなり、徐々に寒くなる季節です。冬季にしっかりと温度管理ができない場合には、この時期にしっかりと餌を食べさせて、体力をつけさせておきましょう。また、この時期は本能的に食欲が増す時期でもあるので、冬期もちゃんと温度管理をして飼育できる場合には、ヒョウモントカゲモドキの食欲に任せて、餌を与え過ぎると肥満の原因にもなります。

　夏場食欲があったにもかかわらず、秋になって食欲が落ちてきたという場合には、夏場のケージ内の温度と今のケージ内の温度を比較してみてください。気温の変化が5℃程度あれば、食欲や活動に変化が出る可能性が十分にあります。

4. 冬

　温度管理がしっかりできている場合には、成体であれば通年同じペースで餌を与えていけば良いでしょう。この季節では、ケージ内の空間の保温とともに床の一部にパネルヒーターを敷き、床面からのホットスポットを設けるようにします。温度管理がうまくできていない場合や、極端な乾燥状態が続いている場合には、ヒョウモントカゲモドキが休眠のような反応を示して、餌を受け付けなくなったり、餌を食べる間隔や排泄をする間隔が長くなってきます。このような状態になっても、夜間ある程度活動するので、新鮮な飲み水を用意しておかないと、脱水を引き起こすことがあるので注意しましょう。温度が夏よりも低くなってしまった結果、新陳代謝が低下して、餌を食べる頻度が少なくなっている場合には、餌を与える間隔を夏よりも長くして、1週間に1回程度与えるようにするなど、その子の状態を見ながら餌を与える頻度や量を変えてみましょう。ただし、痩せてくる・元気がなくなるなど、食欲以外に異常が認められる場合には、病気になっている可能性が高いので、早急に動物病院で診察を受けるようにします。

　それまでよく食べ元気だった子が、冬になるとともに食欲が落ちてきたなどという場合には、仮に飼い主が保温をしているつもりでも、夏場のケージ内の温度よりも冬場のケージ内の温度のほうが低くなっていることがあります。ケージ内の温度を確認して、夏よりもケージ内の温度が低い場合には、夏と同じ温度まで上昇させることで食欲が戻ることもあります。ここでいう温度はシェルター内の温度や、床面の温度ではなく、ケージ内の空中温度を指します。ただし、一度休眠のような反応を示してしまうと、どんなにケージ内の温度や湿度を改善しても、春までの1～2カ月間、餌を食べないという個体もいます。このような場合、病気なのか生理的な反応なのかを判断するのは難しいので、一度動物病院で診察を受けてみるようにしましょう。生理的な反応で食欲がない場合、多くは餌を食べていないにもかかわらず、見た目は元気で痩せる気配がありません。

　冬期の乾燥を気にするあまり、過度にケージ内を加湿し過ぎるのもよくありません。ヒョウモントカゲモドキは熱帯雨林で生活している生き物ではないし、湿地に生息している生き物ではありません。冬場の加湿は、ケージ内の度を越した乾燥状態の改善が目的であることを忘れないようにしましょう。

V
餌とサプリメント

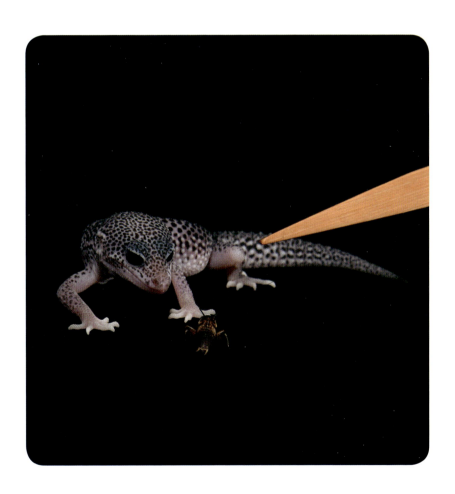

V 餌とサプリメント

餌

1. 餌とその特徴、保管法

ヒョウモントカゲモドキの餌としては、各種昆虫（生き餌・乾燥餌・冷凍餌・缶詰）のほか、各種メーカーから発売されている配合（人工）飼料などが利用できます。これらの餌を利用する際には、それぞれの特徴を知ったうえで、うまく利用すると良いでしょう。

生き餌：

市販されていて入手しやすい昆虫としてはイエコオロギ・フタホシコオロギ・ミルワーム・ジャイアントワーム・ローチ類・ハニーワーム・シルクワームなどが挙げられます。このうち、イエコオロギやフタホシコオロギはヒョウモントカゲモドキの餌としてよく利用されています。コオロギなどの昆虫は、亜鉛・リン・マグネシウムなどのミネラルの一部において、脊椎動物の要求量を満たすと言われていて、ミルワームやハニーワームでは、脊椎動物の餌として考えた場合、マンガンが不足していると言われています。また、脂肪の含有量はコオロギに比べてミルワームやハニーワーム、ジャイアントミルワームでは2～4倍程度多く含まれているなど、昆虫の種類によって栄養価は変わってきます。このため、入手できる昆虫が全てヒョウモントカゲモドキの主食として利用するのに適しているとは言えません。

餌として与える昆虫の育成状況がその昆虫（餌）の栄養価に影響を与えます。このため、ストック条件が異なれば、同じ種類の昆虫でも、同じ栄養価であるとは限りません。餌となる昆虫が食べている植物や配合飼料に、充分な栄養が含まれているかによって、その昆虫に含まれる栄養価が変わってきます。ヒョウモントカゲモドキに栄養価の高い昆虫を与えるということは、それら餌となる昆虫に対して、栄養価の高い餌を与えなければいけないということです。このため、購入してすぐに餌として使うよりも、しばらくストックして栄養のある餌を十分に与えた後に、ヒョウモントカゲモドキの餌として利用することが望ましいでしょう。また、餌となる昆虫が脱水している場合には、ヒョウモントカゲモドキも餌からの水分摂取が減少してしまうことになります。これらのことから、ヒョウモントカゲモドキに栄養のある良い餌を与えるためには、餌として与える昆虫にも充分に栄養のある餌を与えて、健康的にストックする必要があります。

入手のしやすさや栄養面から考えて、ヒョウモントカゲモドキの主食としては、フタホシコオロギやイエコオロギを与えるのが無難と思われます。また、デュビアやレッドローチなどもコオロギ同様、主食として使える餌だと思われます。脂肪分を見ると、ミルワームはコオロギの倍、ジャイアントワームではコオロギの倍以上含まれており、カルシウムの含量はコオロギよりも低めのため、これらを主食とする場合には必ずカルシウムを添加することをおすすめします。コオロギ・ローチ・ミルワームなどいずれを主食にする場合においても、それだけ与えれば全ての栄養が補えるという餌ではないので、総合ビタミン剤やミネラル剤などの添加を行うようにしましょう。また、比較的嗜好性の高いハニーワームに関しては、含有する脂肪の割合が高く、高カロリーな餌ではありますが、その他の栄養素に乏しく、主食には向かないでしょう。シルクワームに関しても、全体的に見てあまり栄養バランスが良いとはいえないため、主食には向かないと思われます。それでもコオロギ単体でヒョウモントカゲモドキが必要とする栄養素を全て摂取できるわけではありません。ジャイアントワームは脂肪分も多く、また、消化に時間がかかり、頻繁に与えたり一度に大量に与えると、吐き戻しや一時的な食欲不振が見られることがあります。ミルワームもそ

れ単体では栄養バランスが悪く、特にこれらを主食にする場合には総合ビタミン剤などのサプリメントを併用するべきです。ハニーワームなども、嗜好性は高いのですが栄養バランスは良いとは言えず、おやつ程度に使うのが無難でしょう。

　ローチ類としては、レッドローチやデュビアが入手しやすく与えやすいです。これらを与える場合、あまり大きなサイズを与え過ぎると消化管に負担をかけてしまうこともあります。ローチ類を主食にする場合においても、ビタミン剤やカルシウム剤といったサプリメントの添加を行うようにしましょう。

イエコオロギ（メス）　　　　イエコオロギ（オス）

ジャイアントワーム

フタホシコオロギ（メス）　　フタホシコオロギ（オス）

コオロギは後ろ脚を取ってから与えてもよい

デュビア

ミルワーム。白いのは脱皮直後

ハニーワーム

ヒョウモントカゲモドキの健康と病気

シルクワーム

> ### 生き餌のストックの注意点
> 冬に寒過ぎる場所でコオロギなどの生き餌をストックすると、死んでしまったり、餌を食べなくなったりするので注意。また、暑い季節は生き餌をストックしている容器の通気性も考え、高温になり過ぎたり、蒸れ過ぎないように注意する

コオロギに与える餌

コオロギをストックする際に便利な給水グッズ

コオロギのストック例

ミルワームのストック例

冷凍餌：

　コオロギなどの冷凍餌が売られています。冷凍保存の場合、通常マイナス18℃以下で保存します。マイナス10℃以下では微生物はほとんど生育できなくなり、マイナス18℃以下ではタンパク質やビタミンの変化はほとんどなくなると考えられます。ただし、脂肪の酸化を防ぐことはできないので、冷凍しているからとあまり長期間ストックするのはよくありません。また、冷凍庫は開閉されるたびに冷凍庫内の温度が変化し、安定した冷却状態が続いているわけではありません。冷凍保管しているものに霜が付いている場合、一度溶けかけた可能性があるので、より早く消費するようにします。

　これらのことを考えると、冷凍餌を使用している場合でも、脂肪の酸化なども考慮して、購入後1カ月から最長でも3カ月以内には使い切るようにするべきです。ただし、ショップなどでのストック期間や、持ち帰る時に一時的に解凍されている可能性も考えると、劣化は避けられません。このため理想的には1カ月以内に使い切るようにして、常に新鮮な冷凍餌を用意できるようにしたほうが良いでしょう。生き餌を購入して、しばらく良い餌を与えた後に冷凍保存する方法もあります。いずれの場合も、冷凍保存といえども長期間の保存は避けて、できるかぎり短期間に使用するようにするとともに、可能であれば餌は1回分ずつに分けて、酸化や水分の蒸発を防ぐために密閉して冷凍すると良いでしょう。冷凍餌を主食とする場合には、総合ビタミン剤の添加を行うようにして、成長段階や個体の状態に応じてカルシウム剤など、その他のサプリメントも添加するようにしましょう。

　餌を解凍する場合、解凍できてからも常温で長時間放置すると、細菌などが増殖したり、餌から水分が蒸発してしまうので、解凍後はすみやかに使用するようにしましょう。

昆虫の缶詰：

購入時および使用時には消費期限を確認します。賞味期限あるいは消費期限を過ぎたものは購入しないようにしましょう。また、消費期限あるいは賞味期限は、未開封での状態で保存された場合の保存期間のことです。開封後はすみやかに使用し、残りは冷蔵庫または冷凍庫で保管します。冷蔵保存では、鮮度を長期間保つことは不可能なので、開封後1週間程度経過したら廃棄するようにします。

一度加工された製品なので、餌として与える直前まで栄養状態良く育てた生きたコオロギに比べれば、栄養価は劣ります。また、酸化などの変化も保存期間中に起きてきてしまいます。このため、缶詰製品を使う場合には必ずカルシウム以外にも、ビタミン剤やミネラル剤などの各種サプリメントを添加して使用するようにして、開封後はすみやかに消費するように心がけましょう。

配合飼料（人工フード）：

ヒョウモントカゲモドキ用の配合飼料が販売されています。配合飼料には、ゲル状のもの・粉末・固形などのタイプが売られていますが、いずれも有害微生物の繁殖を抑制して、栄養素の変化を極力防ぐために、ゲル状のものではできるだけ低温の冷暗所に、粉末や粒タイプなどの乾燥飼料は乾燥した低温の冷暗所で保管するようにしましょう。ただし、乾燥飼料を冷蔵庫に入れて保管すると、餌の使用時の出し入れによる温度変化で、飼料を入れている容器内壁などに結露が生じ、結果として飼料にカビや細菌が増殖して、餌の品質が下がることがあるので注意が必要です。

ビタミンなどの中には長期保存で活性が失われ酸化が起こるなど、餌の品質は保存期間が長くなるほど低下していきます。このため、消費期限あるいは賞味期限は厳守し、保管方法にも注意して、消費期限内であっても、できるかぎり短い期間で使い切るようにしましょう。

配合飼料では、その中に必要なビタミンなどの栄養素がすでに配合されているので、多くはこれ以外にビタミン剤などのサプリメントを使

餌コオロギの缶詰

ヒョウモントカゲ専用の人工フード。必要な分量のみを出して、ピンセットで摘まみ取って与えることのできる便利な製品（レオパゲル）

粉末状の人工フード。適度な水分を含ませてゲル状に固め、必要な分量をカットして与える（グラブパイ）

こちらも粉末状のタイプ。熱湯を加えて固め、カットして与える製品（FOODY-BITE）

保存しやすい固形タイプ。水でふやかしてから与えるだけ（レオパブレンド）

粉末に水を加え、練って団子状にして与えるタイプ（レオパードゲッコーフード）

う必要はないと思われます。サプリメントを別途使用する場合には、それぞれの配合飼料の使用説明書を読んで、ビタミンなどが過剰摂取にならないように注意しましょう。

2. 餌の与えかた

餌の与えかたとしては、
①餌入れに入れて与える
②ピンセットで与える
③床に餌を転がして与える
④生き餌をケージ内に放す

といった方法があります。また、1種類の昆虫や配合飼料のみで飼育し続けるよりも、主食とする栄養バランスの良い食餌以外に、たまに違う餌を与えるなど、餌の種類にバリエーションをつけることで、ヒョウモントカゲモドキが餌を食べる楽しみを倍増させてあげることもできます。

①餌入れに入れて与える：

生き餌を与える場合には、生き餌が逃げ出さないような餌入れを用意します。餌入れは安定感があり、容易にひっくり返されないような物を利用しましょう。餌入れの底にビタミン剤や

カルシウム剤などを薄くまいておくと、餌とともにこれらのサプリメントも摂取されます。冷凍餌や配合飼料などを与える場合には、照明を消す直前に餌入れに入れるようにして、できるだけ新鮮な状態で食べられるようにしましょう。また、朝に食べ残しがあれば取り除きます。

②ピンセットで与える：
　各種の餌をピンセットで与える場合、誤ってピンセットの先をくわえて、口内に怪我をさせないように注意しましょう。先端の尖った金属製のピンセットを使うよりは、竹など木製のピンセットを使ったほうが安全かもしれません。ただし、あまり先端が大きなピンセットを使うと、ヒョウモントカゲモドキがピンセットのほうを気にしてしまい、それを口先へ近づけられることで、怖がって目をつむってしまったり、逃げたりすることがあります。初めてピンセットを使う時は、ヒョウモントカゲモドキの様子を確認しながら餌を与えましょう。ピンセットの先端は餌の汁などで汚れが付着して細菌が繁殖することがあるので、定期的に洗浄するように。ピンセットで餌を与える場合、餌の中央をピンセットで挟むと食べにくいため、端を挟むようにして反対側の端のほうを口先へ持っていくようにします。

③床に餌を転がして与える：
　生き餌以外の餌を与える場合、餌を動かすことで食欲をそそらせることもできます。ヒョウモントカゲモドキの目の前で、餌を転がすようにすると、その動きに反応して食べることがあります。この場合、ケージの床材に細かな粒状のものなどを使用していると、餌に床材が付いてしまったり、ヒョウモントカゲモドキが餌とともに誤って床材を食べてしまうこともあるので、このような餌の与えかたをする場合には、床材はキッチンペーパーなど、誤ってヒョウモントカゲモドキが食べてしまわないものにしましょう。

④生き餌をケージ内に放す：
　コオロギなどの生き餌を、ケージに放して餌として与える場合には、度を越してあまり数多く餌を入れ過ぎると、逆にヒョウモントカゲモドキにとってストレスになることがあります。また、フタホシコオロギの成虫では、食べ残したコオロギが逆にヒョウモントカゲモドキの皮膚を齧ってしまうなどのトラブルが起こることもあります。

　生き餌をケージに放して餌として与える場合には、与えた数を把握し、可能であれば夜に餌を入れ、食べ残した餌はいったん朝に回収するようにしたほうが良いでしょう。また、死んだコオロギなどもすぐに回収するようにします。

ピンセットから与える。先の尖っていない竹製の製品が安全

グラブパイを食べる。ヒョウモントカゲモドキを傷つけないように注意しながら与える

自分から追って食べるヒョウモントカゲモドキ

Ⅴ 餌とサプリメント

餌入れから　ピンセットから
餌を転がすように　餌を放して
食べにくい　食べやすい
コオロギの頭を向けて　ピンセットをくわえてヒョウモントカゲモドキが怪我をしないよう角度に注意
〇　✗

サプリメント

　爬虫類用の総合ビタミン剤、ミネラル剤、カルシウム剤などが粉末や液体の状態で市販されています。これらを有効に使うことで、ヒョウモントカゲモドキの健康維持に役立てることができます。しかし、使いかたを間違えれば害になることもあります。それぞれの商品の使用説明をよく読んで、使用量・使用頻度などを守って使うようにします。使いかたが解らない場合には、購入時にペットショップの店員さんに相談しましょう。

総合ビタミン剤：
　ビタミン剤には、ビタミンのみのもの、カルシウムが添加されているもの、ビタミン以外にミネラルが添加されているものなど、さまざまなものが市販されています。また、ビタミンのみのものでも含有するビタミンの種類に違いがある場合もあります。

　野生下で摂取している食物と全く同じものを与え続けて飼育できるのであれば、ビタミン剤の添加は必要ないかもしれません。しかし、飼育下で与えることのできる餌の種類は限定的で偏りが生じやすく、バランス良く必要な栄養素を摂取させるのは難しいでしょう。これらの理由から、飼育下では餌の種類に応じて、それぞれに見合った総合ビタミン剤などのサプリメントの添加を行ったほうが良いと思われます。

　ビタミン剤は必要以上に添加し過ぎると、脂溶性ビタミンなど一部のビタミンでは過剰症を引き起こしてしまう危険があります。また、配

合飼料（人工フード）を主食にしていたり、餌のバリエーションをつける目的で生き餌と配合飼料を与えている場合などでは、配合飼料の中にビタミンなどがすでに添加されていることもあるので、ここへさらにビタミン剤を添加する必要はないと思われます。配合飼料に含まれるビタミンで、ヒョウモントカゲモドキの必要量が満たされている場合、さらにビタミンを添加することで、脂溶性ビタミンの過剰症が引き起こされる危険性もあります。配合飼料を餌として利用している場合は、成分表を確認して、ビタミンなどがちゃんと添加されているのであれば、ビタミン剤をさらに添加する必要はないでしょう。

　総合ビタミン剤の中には、ビタミンAがビタミンA（レチノール）のかたちで含まれているものとβ-カロテンとして含まれているものがあります。動物の種類によって、カロテンをレチノールに変換する能力には差があり、一般的に草食動物や雑食動物ではカロテンからレチノールに変換することができるようですが、完全肉食動物ではカロテンをレチノールに変換する能力は低いとされています。さらに全くカロテンをレチノールに変換できない肉食動物もいます。昆虫食の爬虫類の中にも、カロテンをレチノールに変換できないものが知られていることから、昆虫食であるヒョウモントカゲモドキも、カロテンをレチノールに変換する能力が低いかもしくはできない可能性も否定できません。このため、ビタミン剤から特にビタミンA供給を考える場合には、カロテンではなくビタミンA（レチノール）と表示のあるビタミン剤を使用することをおすすめします。ただし、脂溶性ビタミンであるビタミンAは、過剰摂取でビタミンA過剰症を引き起こすおそれがあるので、それぞれの使用説明書をよく読んで、適切な量を適切な給与間隔で添加することが大切です。

カルシウム剤：

　カルシウム剤には、カルシウムのみのもの、ビタミンD_3が添加されているもの、その他のミネラル成分が含まれているものなどがあります。

　通常、ヒョウモントカゲモドキに与えられている飼育下の昆虫では、特に成長期のヒョウモントカゲモドキが必要とするカルシウム量には満たないため、カルシウム剤の添加が必要になります。成長期では、体が大きくなるとともに、骨を形成するために成体よりもより多くのカルシウムが必要です。この時期にカルシウムが不足すると代謝性骨疾患（人でいうくる病）という病気になり、骨の軟化や変形・骨折、重度の場合、食欲がなくなり死に至ることもあります。また、成体においても、成長期ほどではありませんがカルシウムの摂取は必要で、産卵前後のメスでは、産卵で消費したカルシウムを補う必要もあります。

　昼行性の爬虫類では、飼育下で有効紫外線（UVB）を含むフルスペクトルライトを照射することで、自らカルシウムを腸から吸収するために必要なビタミンD_3を合成させることができます。しかし、基本的にヒョウモントカゲモドキでは、夜行性の生き物という理由から、フルスペクトルライトが使用されません。本来野生下ではヒョウモントカゲモドキもビタミンD_3合成を行わなければ、効率良くカルシウム吸収が行われないため、ある程度の時間、木漏れ日など陽の光を浴びることで、ビタミンD_3合成を行っているはずです。同じ夜行性のクレステッドゲッコー（オウカンミカドヤモリ）では、飼育下で自らフルスペクトルライトの光に当たりに出てくる姿を見ることができますし、野生下のニホンヤモリなども、隠れ家からから日中体を出して、日光浴をしている姿を見ることができます。

　ヒョウモントカゲモドキでは、小型のケージで飼育されていることが多く、フルスペクトルライトを設置することができないため、ビタミンD_3が添加されているカルシウム剤を利用することになります。ビタミンD_3が添加されているカルシウム剤は使わないほうが良いという意見もありますが、特に成長期の個体では、カルシウム剤単体での給与では、かなりの確率で代謝性骨疾患に陥ります。カルシウムのみ給与しても、そのカルシウムを腸から効率良く吸収できなければ意味がありません。自らビタミンD_3を合成させることができない場合、カルシウムを腸から吸収するのに必要なビタミンD_3を、どう供給

するか考えた場合、市販のビタミンD_3が添加されているカルシウム剤を利用するのが一番無難と思われます。ただし、同時に総合ビタミン剤の添加を行っている場合、この中にビタミンD_3が含まれているので、カルシウム剤としては、カルシウム単体のもので問題なく、ビタミン剤と、ビタミンD_3が添加されているカルシウム剤の両方から、ビタミンD_3をヒョウモントカゲモドキに供給してしまうと、過剰症が引き起こされる可能性があります。これらの他に、カルシウムやその他のミネラルも含まれている総合ビタミン剤もあるので、ヒョウモントカゲモドキの成長段階や飼育状況に応じて、これらの中からそれぞれの個体に適したものや飼い主が使いやすいものを選択して使用すると良いでしょう。

ミネラル剤：

総合ビタミン剤やカルシウム剤の他に、総合ミネラル剤も販売されています。ミネラルはビタミンとともに体内で重要な生理作用を担っています。主なミネラルとしては、ナトリウム・カリウム・カルシウム・リン・マグネシウム・鉄・銅・亜鉛・マンガン・ヨウ素・セレン・クロム・モリブデンなどが挙げられます。これらミネラルは主に歯や骨の成分であったり、生理活性成分の構成因子や細胞内外液の主要な電解質などの役割を担っています。

ミネラル剤も、たくさん与えれば良いというわけではないので、それぞれの製品に記載されている用法・用量を厳守して使用するようにします。配合飼料を与えている場合には、それらに初めから添加されている場合も多いので、与えている配合飼料で充分補える場合には、使用する必要はないし、生き餌を与えている場合にも、必要がなければ必ず与えなければならないというものではありません。

市販のさまざまなサプリメント

サプリメントの給与方法：

サプリメントの給与方法としては以下のものが挙げられます。

1. ダスティング：

粉末の各種サプリメントをコップなどの容器に入れておき、生き餌や冷凍餌などを与える直前に、コップの中に入れて軽く振ることで、サプリメントを餌にくっ付けて与える方法です。ピンセットで餌を直接与える場合には、どの程度サプリメントが付着しているかわかりますが、生き餌をダスティング後、ケージに放して与える方法では、時間とともに生き餌の体に付着したサプリメントが取れてしまうことを考慮して与えましょう。また、冷凍餌などの表面が湿っている場合、餌の全身に大量にサプリメントが付き過ぎてしまうことがあるので、このよ

ヒョウモントカゲモドキ専用の
サプリメント

カルシウム剤

ヒョウモントカゲモドキの健康と病気

うな場合は体の一部にサプリメントの粉を付ける程度で良いでしょう。

2. 餌皿の底に撒いておく：

餌皿の底に粉を撒き、ヒョウモントカゲモドキが餌入れの中の餌を食べる時に、同時にサプリメントを摂取させる方法です。餌の汁などで粉が固まったりするなど、不衛生になりやすいので、餌皿に入れたサプリメントは毎日取り替え、同時に餌皿も洗浄するようにしましょう。

3. 飲み水に混ぜる：

サプリメントを飲み水に溶かして与える方法です。この場合、飲み水に味やにおいが付くことで、ヒョウモントカゲモドキが水入れの水を飲まなくなることもあるので注意します。中には水に溶けづらいものなどもあるので、このようなものは水に溶かして与えるのには不向きです。

飲み水にサプリメントを溶かして与える場合においても、消灯前に新鮮な水にサプリメントを溶かし、朝には一度水を取り替えるようにしたほうが良いでしょう。この時、水入れの底などにサプリメントが付着していると、細菌が増殖する原因になるので、水入れはしっかりスポンジや歯ブラシを使って汚れを落とすようにします。

4. 容器に入れて常設する：

水入れや餌入れのように、ペットボトルの蓋など小さめの容器に粉末のミネラル剤やカルシウム剤を入れて、ケージ内に常設する方法です。容器に粉を入れる際に、粉を指で少し押し固めることで、粉の上をヒョウモントカゲモドキが歩いた時に、粉がケージ内に飛び散るのを防ぎます。カルシウム剤などは、ヒョウモントカゲモドキが上に乗るなどして汚れてしまうこともあるので、数日に一度程度で交換するようにすれば良いでしょう。

ビタミン剤は湿気を吸って傷んでしまうので、ケージ内に常設する方法はおすすめできません。

購入時に、どんな餌を与えられていた個体なのか確認しておくことも重要。人工フードを全ての個体がすんなり食べてくれるわけではないので、餌コオロギなどを入手できるよう、近くに専門店があるかどうかなども調べておく

ダスティング例。
カップに入れてかるく振り、コオロギにサプリメントを付着させる

餌皿の底に入れる

飲み水に添加して

常設。
押し固めておくと良い

VI
ヒョウモントカゲモドキに楽しい生活を送ってもらうために

愛好家のもとで30年ほど飼育されているヒョウモントカゲモドキ

Ⅵ ヒョウモントカゲモドキに楽しい生活を送ってもらうために

飼育下での遊びの重要性

　爬虫類であるヒョウモントカゲモドキが遊ぶのかと思う人もいるでしょう。では、人に置き換えて考えてみましょう。毎日仕事に追われ休みもなく、帰宅したら寝るだけの生活を送っていたら、人でも遊ぶ暇などありません。仕事や家事をすること以外に、休息の時間を作ることができて初めて、その時間を遊びに費やすことができます。ヒョウモントカゲモドキではどうでしょうか。野生では、外敵に襲われないように日々神経を使いながら、餌を探し、子孫を残すための繁殖相手を探さなければいけません。餌を見つけることができなければ生き死に関わるし、毎日が真剣勝負で生きています。そのような生活の中でも、ゆっくりできる時間はあるでしょう。そんな時間に彼らが何をしているのか、何を考えて過ごしているのか、われわれ人間には解りません。

　一方で、飼育されているヒョウモントカゲモドキの生活はどうでしょうか。昼間はシェルターの中で過ごし、夜になると出てきてケージ内という限られた空間を歩き、飼い主から与えられる餌を食べる。たまに、飼い主の手の上に乗せられてみたり、何か解らない言葉で話しかけられることはあっても、それもわずかな時間だけ。それ以外に刺激のある出来事は起こりません。特にシェルター・水入れ・餌入れのみという、シンプルかつ狭いケージで飼育されている場合には、一日の大半を何もすることなく、いや、することができずに過ごすしかないのです。せっかくの活動時間なのにもかかわらず、自分の行動範囲は限られていて、しかもその中に何もない。自分たち人間の生活に置き換えたら、決まった時間に食事を提供されるだけの何もない非常に狭い部屋に閉じ込められて、生涯生活していかなければならないようなものです。

　そのような特殊な空間での生活を強いられている場合、彼らも"遊び"を見つけることでストレスを発散させることができるでしょう。彼らが何か1つでも"楽しめる"ことや"遊び"を見つけることができれば、その行為を行うことでストレスを軽減させることができ、日々の生活に良い刺激を与えることができるようになります。遊びという表現が適切かどうかは別として、飼育下において、彼らがおそらく"楽しい"と思うことを自ら率先して繰り返し行うことはたしかです。毎晩回し車を回したり、気に入ったぬいぐるみと一緒に過ごすなど、たまたま偶然というのではなく、その行為が繰り返し行われているのであれば、少なくともその行為

ぬいぐるみで遊ぶヒョウモントカゲモドキ。ペットも飼育者も楽しく暮らしていくことが大切

は嫌いなことではないはずです。むしろ、自らの意志でその行為を繰り返しているのなら、それは"遊んでいる"もしくは"楽しんでいる"と考えてよいのだと思います。それは自然界において野生のヒョウモントカゲモドキでは見られない行動なのかもしれません。しかし、飼育下において、ストレスも含めて、野生と全く同様な環境や精神状況を再現することができないのであれば、彼らはその持て余した時間を、野生下での本来の行動とは異なる方法で費やすだろうし、その中で、楽しいから、おもしろいから、興味があるから繰り返す行動があっても、何も不思議なことではありません。

　ヒョウモントカゲモドキが楽しいと思ってくれることが見つかれば、それだけで彼らの日々の生活は豊かなものになります。そして、そのことで飼育下におけるストレスを軽減することができるのならば、より健康的な生活も送れるようになるでしょう。ヒョウモントカゲモドキも人と同様、個々で性格が違います。嬉しいとか楽しいと思うことが全ての個体において同じ

とは限りません。飼育下での遊びの行動を引き出すには、飼い主それぞれが、その子が喜ぶこと、楽しんでくれる"遊び"を見つけ出してあげる必要があります。そのためには、自分が飼育している子の個性を見極めなければならないし、より親密な関係を築いていく必要があるでしょう。

もしも"遊び"という行為を否定するとしても、少なくとも人間が提供した限られた空間で生きていかなければいけない生き物にとって、何かに費やす時間が増えることは、それだけで"何もすることがない時間"を減らすことになり、それは飼育下での単調な生活を少しでも刺激的で豊かなものにするために役立っていると考えることはできるでしょう。

飼育下で豊かな生活を送ってもらう方法

生き物の状態を精神的にも肉体的にも良い状態にするために、飼育環境に工夫を加えて生き物の行動に何らかの変化をもたらし、可能なかぎり充実した豊かな生活を送ってもらうようにするための試みを、環境エンリッチメントといいます。心も体も健全な状態を保つことができるようにさまざまな行動を誘発して、刺激を与えることで、よりいきいきとした生活を送ることができるようにする試みは、動物の福祉という観点からみても重要なことです。

飼育されているヒョウモントカゲモドキのことを考えてみましょう。単独で小さなシェルターしか入っていない殺風景なケージで飼育されているものの多くは、日々、非常に刺激のない、つまらない生活を送っているとは思いませんか。餌を求めて狩りをするにも、餌は飼い主が与えてくれる数分だけ、それ以外の時間、歩き回って求愛の相手を探すこともできず、周りを歩き回ろうと思っても数歩歩けば壁、一日のうちのほとんどが刺激もなく、何もすることがないまま過ぎていきます。そんな空間で生きていかなければいけないのかと考えたら、少しでも刺激のある、楽しい生きかたをさせてあげたいと思いませんか。そのような環境は、飼い主の努力次第で可能になります。ケージ内のレイアウトを少し工夫するだけ、ケージの大きさを少し大きくするだけでも、ヒョウモントカゲモドキの本来の行動を引き出すことができるし、ヒョウモントカゲモドキが楽しんで行う行動を引き出すことができるかもしれません。

飼育下のヒョウモントカゲモドキのために、飼育者が比較的簡単にできる環境エンリッチメントとしては、採食エンリッチメントや空間エンリッチメント、感覚エンリッチメントなどが挙げられます。

1．採食エンリッチメント：

　ヒョウモントカゲモドキは、本来、夜間に餌となる昆虫を探しに、隠れ家から出てきて周囲を徘徊し、餌を探すことに多くの時間が費やされます。しかし、飼育下では、ピンセットで餌を与えられている場合、「餌を探す」という行為が必要なくなり、餌皿に餌を入れて与えている場合でも、シェルターから出てきて決められた場所に数歩歩いていけば餌にありつくことができてしまいます。また、ケースから出されてどこかに置かれて餌を食べるというような、ワンパターンな採食行動が日々繰り返されることになります。

　これらのマンネリ化した採食行動に刺激を与える方法としては、ピンセットで餌を与える場合でも、目の前に出して食べさせるのではなく、ちょっと離れた場所でピンセットの先を動かして餌を追わせてみたり、たまに餌の種類を変えてみる、配合飼料や生き餌をピンセットで与えている場合では、時々ケージに生き餌を放して、追いかけさせて食べるようにするなどの変化を与えると良いかもしれません。餌入れを使っている場合、餌入れを置く場所を時々変えてみたり、ちょっとわかりにくい場所に置いてみてヒョウモントカゲモドキに探させるなども、適度な刺激になるでしょう。また、硬さの異なる餌を与えることで、噛む感触に変化を付けることができます。

　ただし、変化を与える場合、ヒョウモントカゲモドキ本来の採食行動とかけ離れたやりかたでは、逆にストレスになることもあるので、ヒョウモントカゲモドキの行動をよく観察しながら行うようにしましょう。

2. 空間エンリッチメント：

　ヒョウモントカゲモドキが安心して身を隠せる場所を作り、ケージ内を活発に徘徊できる広さを確保し、何もない平坦な空間でなく、ある程度上り下りできるなど、見えている景色が変わるような空間を提供することは、ヒョウモントカゲモドキにとって良い刺激になります。ケージ内に岩を1つ入れる、コルクの皮や流木を入れて、そこへ登って遊べるようにする、床材を入れて穴を掘る行動をさせるなど、わずかな工夫をするだけでも、何もない空間で過ごすよりはヒョウモントカゲモドキにとって良い刺激となり、単純な飼育下の生活でのストレスを軽減するのに役立つでしょう。

　必ずしも天然のもの、爬虫類用に市販されているものにこだわる必要はありません。さまざまな人工物を入れることで、それをヒョウモントカゲモドキが好んで利用するのであれば、エンリッチメントとしての役割を果たしていると思われます。ハムスターなど小型小動物用のレイアウトグッズや人の子供が遊ぶおもちゃなど、そんなものは利用しないだろうという固定観念を捨てて、これは使えるかな、これは遊べそうだなというものを取り入れてみるのも良いでしょう。

　ケージ内にレイアウトを行う場合の注意点としては、それらが原因となってヒョウモントカゲモドキに怪我を負わせるなどのトラブルが起きないように、特に導入直後は十分に注意することです。下敷きになる・挟まって抜けなくなる・中へ入って出られなくなる・尖った部分で怪我をする・誤って食べてしまうなどのトラブルが起きないように、十分検討したうえでレイアウトグッズを導入するようにしましょう。

3. 感覚エンリッチメント：

　広めのケージで飼育して、場所によって空間の温度差や昼夜の温度差を付ける、床の一部にパネルヒーターを設けて、身体を暖めることができる場所を一部に作ることも刺激を与える要因の一つと言えます。ケージ内全体を高温かつ均等な温度で管理するよりは、広めのケージで飼育して、適切な温度の範囲内で温度変化のある環境を作ることで、ヒョウモントカゲモドキに熱量の変化を与えることができます。温度変化のある空間を提供することで、ヒョウモントカゲモドキは、その時の状況や気分に応じて、好きな温度の場所を利用することができるようになり、また、そのために移動するという行動を引き出すことができます。

Ⅶ
繁 殖

Ⅶ 繁殖

ペアリング

野生下では気温が上昇して休眠から覚めた後に繁殖期に入ります。飼育下でも、冬季に保温管理していたとしても、夏よりも管理温度が低いことが多く空気も乾燥しているため、ヒョウモントカゲモドキはその変化を感じています。これらのことから、オスとメスを一緒にするなら、春くらいに行うのが良いでしょう。雌雄を同居させたら、しばらく様子を見ます。もしもどちらかが相手を拒絶して、威嚇や噛みつくなどの行為が見られたら、一度分けるようにして、数日置いてから再度、同居させてみましょう。特に威嚇などの行動が見られない場合、数日オスメスを同居させた後、再度分けて飼育します。もしも一度の同居で交尾ができているか心配ならば、数日の同居を数回繰り返すか、ちっと長めに雌雄を同居させても良いでしょう。いずれの場合も、卵を産むまでずっとペアを同居させておくのは良くありません。通常では交尾後1

繁殖に用いる親個体は、栄養状態などをよく見極めて選ぶ

VII 繁殖

ペアリングの様子

カ月以内には産卵すると思われるので、1カ月経過しても卵を持っている気配がなければ、もう一度ペアリングしてみても良いでしょう。

　卵を産ませるメスは、栄養状態の良いものを選び、痩せている個体や病気の個体は避けましょう。このような個体では、卵を持つことができても、卵詰まりを引き起こしたり、産卵できたとしても、体力が回復せずに死んでしまうこともあります。

　ペアリングの注意点としては、オスが強引にメスに交尾をせがんだ時に、ヘミペニスを傷つけたり、交尾時のアクシデントとしてヘミペニス脱が起こることがあります。また、交尾後ずっとオスとメスを同居させておくと、いつまでもオスに交尾をせがまれて、産卵のタイミングを失い、産卵できずに卵詰まりを起こすことがあります。

同居させた際はしばらく様子を観察する

病気やケガを予防するためのレオパ飼育書　83

ヒョウモントカゲモドキの交尾

産卵させるメスの管理

　繁殖（産卵）に使用するメスは、栄養状態が良く、健康な個体でなければいけません。何らかの病気に陥っていたり、痩せているものなどを繁殖に用いれば、卵を作れなかったり、卵詰まりを起こす、産卵後に体力が回復せずに母体が死んでしまうなどのトラブルが引き起こされます。

　繁殖に使うメスをクーリング（飼育温度を下げて一時的に代謝を下げる）させる場合には、クーリング前にしっかり餌を与えておくことが大切です。クーリングから覚醒させた時に、痩せてしまっていたり体調を崩させてしまっては、繁殖に使うことができません。また、産卵前のメスでは、産卵が近づくにつれて餌を食べなくなる個体もいますが、餌を食べるのであれば与え、また、産卵後のメスにおいてもカルシウムを含め、餌をしっかり与えて栄養を付けさせるようにします。カルシウム不足は卵詰まりや産卵後の代謝性骨疾患発症の原因になります。

　基本的には、交尾後、抱卵してから慌てて栄養を付けさせると考えるよりも、繁殖に使うメスは、交尾させる前から、産卵・産後のことを考えて、栄養状態を含め全身状態をしっかり仕上げておくことが大切です。ただし、重度の肥満を起こしているメスでは、体内に蓄えた大量の脂肪により産卵がうまくできなかったり、産卵時の息みにより腹壁ヘルニアを引き起こすことがあるので注意が必要です。

産卵床と産卵容器

　ヒョウモントカゲモドキを産卵容器内で産卵させるために、産卵床を入れた容器を用意します。産卵容器はタッパーなどを利用することができ、蓋の一部にヒョウモントカゲモドキが出入りできる程度の穴を開けます。この容器の中に適度に湿らせた産卵床を入れます。産卵容器はメスがその中に入って身動きできないほど狭くてはいけません。容器内である程度動ける程度の広さのものを用い、掘る行動がとれるように3〜5cmの深さになるように産卵床を敷きます。これをメスのいるケージの中にセットしま

すが、なかなか容器の中にメスが入らない場合は、産卵容器の場所を変えたり、全く入る気配のない場合には、ケージの床材として、床全面に深めに産卵床となる材料を敷きます。また、産卵床として使用している土やその湿度なども見直してみましょう。

産卵床には、ヤシガラ土・黒土・赤玉土・水苔・バーミキュライト・パーライトや、これらのものをいくつか混ぜて使うなど、いろいろなものが利用できます。産卵床は、卵を産む直前に入れるのではなく、交尾後、メスを個別飼育にした時から常設しておくことで、産卵場所にメスを慣れさせることができます。

産卵床は、卵を管理するのと同じ程度の湿度で管理します。乾燥し過ぎていても、あまり湿らせ過ぎも産卵床として適しません。

卵をあきらかに持っているにもかかわらず、なかなか卵を産まない場合や、痩せてくる、元気がなくなるなどの症状が見られた場合には、卵詰まりを起こしている可能性もあるので、病院で診察を受けるようにしましょう。また、用意した産卵床をヒョウモントカゲモドキが気に入らなければ、その場所で産まないこともあります。産卵床を用意したのに、まったくそこにメスが入る気配がない場合などは、もう一度産卵床として使用している土やその湿度・置き場所などを見直してみましょう。

抱卵したメス。卵が透けて見える

オスとメスの特徴を併せ持った個体も稀にいる

産卵床の例

卵の回収

メスは基本的に一度に2卵産卵しますが、1卵のみ産卵することもあります。また、1シーズンで5回ぐらいまで産卵することがあります。

メスが産卵したら、卵を回収して用意した孵卵器へ移します。回収時の注意点としては、産卵した状態で卵の上を向いている側を維持したまま、上下回転させずに孵卵器へ移すことです。卵の上面に印を記しておいても良いでしょう。卵の胚は発生の初期から中期に大きな衝撃を与えられたり、回転させられたりすると、胚が死んでしまったり奇形の原因になるので注意が必要です。

卵は乾燥してしまうと凹んでしまいますが、わずかに凹んだ程度なら、湿度を調整すればまた元に戻るので心配ありません。ただし、産卵したのに気づくのが遅れて、産卵床の土が乾燥してしまい、卵がひどく凹んでしまった場合には、元に戻らずに卵が死んでしまうことがあるので注意しましょう。

卵とその管理

爬虫類の卵は、カルシウムがしっかり沈着した硬い鳥のような卵を産むもののほか、革のように柔らかい卵を産むものがいます。硬い卵は卵の中の水分が外へ抜け出すことは少なく、外界の環境がある程度変化しても、孵化するまでの間の卵の水分損失は大きくありません。これに対して、革状の卵は外界が乾燥していると卵内の水分が失われやすく、また、外界の水分を吸収することもできます。このような卵殻の卵は孵化するまでの間、適切な湿度が保たれている場合、外からの水分を吸収して、産卵直後より卵が大きくなります。また、低湿度環境では卵が窪むことがあり、高湿度過ぎても卵が水分を吸い過ぎるなどして、胚が死んで卵が腐ってしまうことがあります。ヒョウモントカゲモドキでは、革状の卵殻の柔らかい卵を1回に1個ないしは2個産み落とします。

孵化日数は、卵の管理温度に左右されます。28℃程度で管理すれば、2カ月程度で孵化して

ケースの底面に産み落とされた卵

産卵床に産み落とされた卵

卵は回収し別に用意した孵卵器へ移動させる

受精卵ならわずかに凹んでいても大丈夫

Ⅶ 繁殖

回収した卵は別の孵卵用容器に移動させて管理

容器や孵卵材は飼育者の好みで。爬虫類用の孵卵材も市販されている

きますが、それよりも高い温度ではより早く孵化し、より低い温度では孵化するまでにさらに時間がかかります。雌雄の産み分けをしないのであれば、27〜30℃の範囲で温度管理すれば良いでしょう。

　湿度管理も重要です。孵卵中の湿度は80％前後を維持するようにします。乾燥し過ぎると卵が凹んでくることもあるので、その場合は湿度を上げ、もしも卵表面が汗をかいているように小水滴が付いている場合には、湿度が上がり過ぎている可能性が高いので、換気を行うなどして湿度を下げます。孵卵器内の湿度を上げるために加湿する際は、卵に直接水がかからないようにします。

　適切な温度を超えるような高温環境あるいは低温環境での孵卵管理により、胚が死んでしまったり、孵化した子供に奇形が見られることがあります。また、高湿度あるいは低湿度環境での卵の管理においても胚が死んでしまったり、低湿度環境での管理で、体の小さな子が生まれてきたり、指や四肢の欠損が見られるなどの異常が生じることもあるようです。

　孵卵器で温度湿度管理を行っている孵化までの間、適度な換気は必要ですが、頻繁に孵卵器を開け閉めすると、孵卵器内の温度や湿度が安定しないので、頻繁に孵卵器を開け閉めして卵の状態を確認するのはやめましょう。

病気やケガを予防するためのレオパ飼育書　**87**

温度依存性決定

　ヒョウモントカゲモドキは性染色体を持たないために、受精時には性別が決定されていません。産み落とされた卵が孵化するまでの間で、生殖腺が分化する期間の孵卵温度によって、性別が決まります。このため、孵卵温度の設定によって、人為的にオスとメスの産み分けをすることができます。ヒョウモントカゲモドキでは、おおよそ26～28℃および34～35℃で卵を管理するとメスが生まれ、30.5～32.5℃で卵を管理するとオスが生まれてきます。

　オス・メスを産み分けしないで卵を管理する場合でも、上記の温度内で卵を管理しないと、卵が死んでしまいます。

検卵

　産卵された卵が無精卵なのか有精卵なのかを確認するために、検卵を行うことがあります。検卵は、暗い場所で卵にライトなどを用いて光を当てて行います。産卵後2週間程度してから行えば卵殻を通してうっすら細い血管が走っているのが確認できます。ただし、孵化が近づき、卵内で胎子が成長しきっていると、胎子の体で卵内が満たされているので、ライトで卵を透かしても、光を通さなくなります。

　検卵時に注意することは、卵を動かさないことです。卵を転がしてしまったりすると、胚や成長中の胎子が死んでしまう可能性があるので、検卵は孵卵器の置いてある場所で、卵を触らずに行うようにします。

順調に育つ卵

検卵

孵化

　孵化が近づくと、卵の表面にわずかな水滴が見られることがあり、卵内で子供が動くと卵にシワができたり窪みができたりすることもあります。卵から新生子が顔を出しても、全身が出て来るまでに数時間から場合によっては数日かかることもあります。この間、卵内の新生子の体が乾いてしまわないように、完全に卵から出てくるまでは、湿度管理に注意しましょう。

　完全に卵から子供が出てきても、すぐには触らないようにしましょう。そのまま1日から2日は孵卵器内で過ごさせて様子を観察し、動きや外見上に異常がないか確認した後、用意した飼育ケージ内へ移します。餌をすぐに与える必要はなく、孵化後しばらくすると脱皮を行うので、脱皮を確認できてからか、あるいは飼育容器に移して数日してから餌を与えてみると良いでしょう。孵化後数日餌を食べなくても、しばらくは焦らずに様子を見ましょう。

孵化後の幼体管理

　孵化したての幼体は、1回目の脱皮をするまで餌を食べません。1回目の脱皮が確認できるまでは、孵卵器の中に入れておいても良いのですが、飼い主が見ている時に脱皮を行うとは限らないので、孵化後1〜2日はそのまま孵卵器内で過ごさせた後、飼育ケージに移動します。だいたい孵化後3日目くらいから餌を食べ始めます。

　幼体の飼育ケージは、シンプルなもので良いでしょう。また、ケージがあまり広過ぎても、孵化後間もない幼体では落ち着かないので、それほど大きなケージを用意する必要はありません。ケージ内のセッティングとしては、床材の誤食を避けるために、キッチンペーパーなどを敷き、最低でもシェルターと水入れを設置します。

　幼体では、成体よりも温度管理に注意して、適温域のやや高めの温度（28〜30℃）で管理したほうが安心です。また、湿度に関しても成体

孵化直後の幼体

ヒョウモントカゲモドキの健康と病気

に比べ乾燥し過ぎると脱水を起こすなどの問題が起こりやすいので、注意しましょう。ただし、春に交尾産卵させたものならば、ちょうど孵化する頃には湿度が高い梅雨時か初夏くらいになるので、ケージ内が極端に乾燥することはないと思われます。それでも念のため、ケージ内に湿度計を入れて、必要に応じて霧吹きをしたり、ケージ内の一部に保湿エリアを設けるなどの湿度対策をするようにします。

幼体、特に孵化して間もないものでは、毎日か1日おきに餌を与え、まずは体の弱い時期をしっかり体力を付けて乗り過ごさせましょう。ただし、餌を与え過ぎて吐き戻させてしまわないように注意。もしも、吐き戻しが見られたら、翌日は餌を抜いて様子を見ます。孵化から数カ月が過ぎてある程度の大きさにまで成長したら、1日おきなど餌を与える間隔を徐々に空けていきます。

孵化間もない幼体。親と色彩や模様が異なる

幼体の飼育ケースはシンプルに。シェルターを取り除いて撮影

頭にYの文字が入った可愛らしい幼体

やや育った幼体。この段階から飼育すると、成長に伴う模様や色彩の変化が観察できる

VIII
動物福祉

Ⅷ 動物福祉

動物福祉とは

　生き物を飼育することは趣味ではありますが、現在では餌をあげて飼育するだけのペットという単なる愛玩動物という考えから、コンパニオンアニマル、すなわち、伴侶動物として、自分の家族の一員として、また、パートナーとして一緒に生活するという考えかたが主流になってきています。これは、犬や猫などだけでなく、飼い主が家族として迎え入れた生き物全てに通用することで、生き物によって差別があってはいけません。爬虫類であるヒョウモントカゲモドキに対しても、同じ生き物である以上、伴侶動物と考えるべきです。

　生き物を人間の手の中で飼育する以上、その生き物についての責任を飼育者は負わなければなりません。言い換えれば、自分が飼育している生き物に対して、飼育者は十分な福祉を保証してあげる必要があるでしょう。動物福祉とは、解りやすく言えば、それぞれの動物種に応じて自然な行動や欲求が満たされる状態、肉体的にも精神的にも動物が幸せな状態、健康な状態を作り上げるように努力することと言えます。

　飼育者は、ヒョウモントカゲモドキの世話を

行ううえで、日々、飼育しているヒョウモントカゲモドキの生活を豊かなものにするにはどうしたら良いか考え、彼らに喜んでもらえる生活環境を提供できるよう心がけると良いでしょう。

Websterの5つの自由

動物福祉において広く認識されているものとして、「Websterの5つの自由」があります。これは、飼育している動物を管理するにあたり、達成すべき最低限の水準について示しているものです。

1．飢えや渇き、栄養不良からの自由：

新鮮な水をいつでも飲める状態にする、それぞれの種の特性に合わせて水の与えかたを考えるなど。栄養バランスのとれた食餌を与えるように努め、飼育下で与えられる餌では不足する可能性のある栄養素は、サプリメントなどで補給するなど適切な給餌を心がける。

2．不快からの自由：

隠れ家がない・不衛生な環境・適切でない温度や湿度下での飼育は、大きなストレスを与えるだけでなく、病気を引き起こしやすくなるなどの体調を崩すリスクが高まる。温度を含め、適切な環境を提供することが重要。

3．痛み・怪我・病気からの自由：

ケージ内に怪我を負わせる可能性のあるレイアウトはしないなど、飼育環境内の危険性を把握するとともに、病気の予防および病気の早期発見、早期治療を心がける。

4．本来の自然な行動を発現する自由：

十分な飼育スペースを提供する。飼育スペース内に野生下での生息環境を模したレイアウトを行うなどして行動を刺激する。採食行動も、野生下に近い方法を再現させるようにするなど。

5．恐怖や抑圧からの自由：

精神的なストレスをできるかぎり与えない環境を提供する。無理なハンドリングはしない。飼育環境内での喫煙は避ける、脅威となりうる異種動物との同居は避けるなど。

これらのことをふまえて、今飼育しているヒョウモントカゲモドキが幸せに暮らせているか、今一度考えてみてください。そして、改善できる点、もっと喜んでもらえる環境が提供できるのであれば、積極的に取り入れていくようにしましょう。

レオパ写真館

可愛い
ヒョウモントカゲモドキの
さまざまな表情

エクリプス

サイクスエメリン

レオパ写真館　可愛いヒョウモントカゲモドキのさまざまな表情

ホワイトアンドイエロー
アルビノタンジェリン

スーパー
マックスノー

エクストリーム
サンバーン

マックスノー

ハイポタンジェリン

レオパ写真館　可愛いヒョウモントカゲモドキのさまざまな表情

ステルス

スノーラプター
（幼体）

ブリザード

ラプター

サンバーンブラッド

レオパ写真館　可愛いヒョウモントカゲモドキのさまざまな表情

マックスノー
スミブラック

エニグマ（幼体）

ハイイエロー
（幼体）

スーパーハイポタンジェリン

レインウォーター
アルビノパターンレス

IX
健康チェックと動物病院への受診の仕方

Ⅸ 健康チェックと動物病院への受診の仕方

日常の健康チェック

　日頃から定期的に健康チェックを行うことは、病気の予防や早期発見に役立ちます。また、与えた餌の量や排泄物の状態・定期的な体重測定・温度や湿度などを記録した飼育日記を付けることで、その子の状態をより把握しやすくなり、動物病院へかかる場合には、それらの記録を一緒に持参すれば、診察の参考にもなります。

健康チェックポイント：

Check Point!!
①元気　②食欲　③排便
④尿　⑤眼　⑥鼻
⑦皮膚　⑧総排泄口
⑨口　⑩耳　⑪尾　⑫体重測定

1．元気：

　ふだん人が活動している時間帯や明るい時間帯は、ヒョウモントカゲモドキにとって、あまり活動したくないものです。この時の様子を見て、あまり動かないで眠ってばかりの子だと思うのは間違えです。ヒョウモントカゲモドキの活動時間は、消灯後の暗くなってから。お腹が空いている子などは、消灯時間が決まっている場合、飼育を始めてしばらくすると、消灯時間を覚えて、電気を消す少し前から、シェルターから出てきて活発に動き回ったりします。普段の行動を観察する良い方法は、消灯後に赤色のライトなどで観察することです。消灯後も全く

シェルターから出てこない場合には、調子が悪いのかもしれません。また、足を引きずっていたり、四肢でしっかり身体を持ち上げて歩けないような場合も、何らかの病気になっている可能性があります。

　突然触り、驚いて逃げ回る様子を見て元気だと思う人もいますが、体調が悪かったり、どこかが痛い時に触られれば、普段より激しく抵抗することもあります。行動を観察する場合には、ケージ内で自発的に動いている時の状態を観察するようにしましょう。

2．食欲：

　ピンセットなどで餌を与える場合には、食いつき具合や勢い、食べる量を確認します。一方、餌入れに餌を入れている場合には、翌日の朝にどれくらい餌を食べたのか確認しましょう。ケージに生き餌を放して与えている場合でも、翌日の朝に何匹餌が減っているかを確認します。

　食欲は自発的に食べているかどうか、餌を与えてすぐに食いつくのか、食べるまでに時間がかかるのかなども観察します。強制的に餌を口に入れれば飲みこむというのは、食欲があるとは言えません。また、ふだん食べていた餌を急に食べなくなり、代わりに、より嗜好性の良い餌を与えれば食べるという場合にも、食欲があるとは言い切れません。このような場合、体調が悪かったり、何らかの病気に罹っている可能性もあります。

3. 排便：

便は通常、白い塊の尿酸とともに排泄されます。便では、どれくらいの頻度で排泄されているか、便の硬さは硬いのか柔らかいのか、下痢なのか未消化なのか、便の中に寄生虫のようなものや床材などの異物が混じっていないか、血液は付いていないか、腐敗臭などの異常なにおいはしないかなどを確認します。

正常な便は固形でコロコロしています。これに白い尿酸が1つ付いている場合もあります。便に形がなく、床材にこびりつくような状態だったり、食べたものがそのまま出てくるような場合は異常な状態。便の色は食べ物によって若干異なります。消化の程度も同じく、配合飼料などではほぼ消化された状態で出てきますが、コオロギやローチ類を与えれば、外骨格であるケラチンはあまり消化されないで出てくることもあります。メスのコオロギを与えた場合、コオロギが卵を持っていれば、これもほとんど消化されずにそのまま出てきます。ハニーワームも咬まずに呑み込むとほとんど消化されずに排泄されたり、表面の皮がビニールの塊のようになって排泄されることがあります。

4. 尿：

尿は通常、便とともに白色からやや黄色みを帯びた尿酸の塊として排泄されます。また、興奮した時などは透明で水のような尿を大量に排泄することもあります。尿酸は白色からやや黄色みを帯び、総排泄腔内や尿路系あるいは生殖器系で出血・炎症などがある場合には、血液が付着することがあります。緑色に着色している尿酸を出した場合には、肝臓に異常がある場合や溶血性疾患などが疑われます。ただし、異常がない場合でもピンク色や赤紫色のような尿酸を排泄することもあるので、このような尿酸を排泄して心配な場合は、排泄した尿酸を持って一度動物病院へ相談しに行くと良いでしょう。

5. 眼：

ちゃんと眼を開けているか、眼が落ち窪んではいないか、眼に濁りや充血のようなものはないか、眼やにのようなものは付いていないか、頻繁に眼を舌で舐めていないか、涙があふれるくらい溜まっていないか、左右の眼を見て、左右どちらかの眼球が膨らんでいるように見えないか、または、両眼が異常に出っ張っていないかなどをチェックします。

脱皮直後は瞼に脱皮片が残っていることがあり、この場合、ヒョウモントカゲモドキが気にして頻繁に眼を舐めることがあります。また、頭部の脱皮がうまくいかない場合に、頭部を必要以上にいろいろな場所に擦り付けて、この際に眼球や結膜を傷つけることもあります。

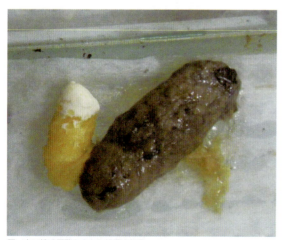
便。白い塊の尿酸とともに排泄される

これは異常ではなく、元々奇形の個体

6．鼻：

左右の鼻の穴の大きさを比較して大きさに違いはないか、鼻は脱皮片や床材などで詰まっていないか、血液などは付着していないか、腫れていないかなどを確認します。何らかの理由で両鼻が塞がれば、自ずと口を開けて呼吸するようになります。

こちらも外傷の痕。濃いオレンジ色の部分粒状鱗は再生されない。発色が濃くなるケースもある

7．皮膚：

指先などに脱皮不全はないか、炎症や腫れ、変色している場所、傷などはないか、湿疹のようなものはないかなどを観察します。特に手のひらや足の裏・指先・尾の腹面などは脱皮片が残りやすいので、注意して確認しましょう。

後頭部に外傷の痕がある。元々の体色よりも明るい部分

生まれつき背骨に奇形が見られる個体

8. 総排泄口：

総排泄口周囲が排泄物で汚れていないか、一部に尿酸が付着していないか、総排泄口からふだん確認できない臓器などが脱出していないか、総排泄口が腫れていないか、変色していないか、総排泄口が便や尿酸・床材などの付着によって塞がっていないかなどを確認します。また、オスでは、クロアカルサックが腫れていないかも確認しましょう。

9. 口：

唇部分が腫れていないか、かさぶたのようなものが付いていないか、口を開いた時に口内炎や口腔内に腫れなどはないか、内出血はないか、口の中の色や舌の色は蒼白ではないかなどを確認します。眼にトラブルがある場合、口腔内に感染症が引き起こされているなど、何らかの問題が起きていることがあります。

10. 耳：

外耳道に脱皮片が残っていないか、鼓膜が赤く炎症を起こしていないか、傷がないかなどを確認します。

11. 尾：

太さを確認します。体調を崩していると尾が細くなってきます。逆に、太くなり過ぎている場合は、餌の与え過ぎによる肥満気味だということが考えられます。可能であれば月に1回、デジカメやスマホなどで撮影記録を残しておくと良いでしょう。

体重測定の例

12. 爪：

抜けていないか、脱皮片は絡まっていないか、伸び過ぎていないかを確認します。通常、爪が伸び過ぎることはないので爪を切る必要はありません。稀に、爪が磨耗しないような床材を使用している場合に、爪が尖り過ぎたり伸び過ぎることがあります。この場合、爪を正常に磨耗させるために、ケージ内に流木や表面がざらざらした石・レンガなどを入れると、それを登り降りしているうちに爪が正常な長さに保たれるようになります。内臓疾患が原因で爪が伸び過ぎることもあるので、心配な場合は動物病院へ相談しましょう

13. 体重測定：

体重測定は、入手直後や小さな幼体では週に1度程度、成体では月に1度程度測定すると良いでしょう。餌を食べていないのに体重が増えていく場合は、腹水が溜まっていたり、便が詰まっている可能性などもあります。また、全身に浮腫がある場合にも、食欲がないにもかかわらず体重が増加することがあります。

これらのことをふまえ、元気はあるか、食欲はあるか、排泄はしているかなどを総合的に評価して、健康状態を把握していくことが大切です。食欲だけ、排泄の頻度だけ、元気だけなど、1つのことだけに注目して、健康状態を把握しようとすると、健康状態の判断を見誤ることにもなりかねません。

飼育下で比較的よく見られる症状と原因の確認法

元気がない・食欲がないという症状は、比較的遭遇しやすいと思われます。このような症状を引き起こす単純な原因としては、以下のようなことが考えられます。

元気がない場合、飼育温度をまずは確認してみましょう。冬季では飼育温度が下がり過ぎていないか、夏季では逆に温度が上がり過ぎていないかを確認します。外温動物であるヒョウモントカゲモドキは、適温域を逸脱した温度に晒された場合、活動性が低下します。また、前日に餌を大量に食べさせた場合なども、翌日、あまり動かなくなることがあります。温度管理に問題がある場合には、適切な温度で管理するようにしてみましょう。

食欲がない場合、飼育温度を確認するとともに、今まで与えていた餌の種類や量・サイズを変更していないか考えてみましょう。食欲がなくなる前日に、いつも以上に餌を与え過ぎた場合や、普段と違う餌を与えた場合には、それらが原因になっている可能性があります。単純な食べ過ぎの場合では、数日絶食するだけで、多くは元の食欲に戻ります。冷凍餌や缶詰・配合飼料などを与えている場合は、賞味期限が切れていたり、餌が傷んでいなかったか確認しましょう。味やにおいが変わったり、あきらかに痛んでいる餌などは食べないことがあります。また、それらを食べてしまった場合には、翌日

ヒョウモントカゲモドキの健康と病気

から体調不良となり、元気がなくなったり、下痢や嘔吐が見られることもあります。

これらのことを確認し直し、思い当たる問題がある場合、その問題を改善してみて、ヒョウモントカゲモドキの状態が改善されれば問題ありません。しかし、あきらかに元気がない、まったく食べないという場合には、あまり長期間様子を見ずに、動物病院で診察を受けるようにしましょう。

病院へのかかりかた

迎え入れてから数日間は、餌の食べ具合・排泄物の状態を含め、全身状態を確認して、異常や不安に思うことがあればすぐに病院で診察を受けるようにします。また、問題がなさそうな場合でも、入手後2〜3週間して、その子の状態を飼い主がある程度把握できたら、一度病院で健康診断を受けると良いでしょう。この際、新鮮な排泄物を持っていき、糞便検査をしてもらうこともできます。病院で健康診断を受ける利点としては、診察時に飼育していてわからないことなどを相談できるし、飼いかたに間違えがあればアドバイスしてもらうこともできます。また、獣医師の眼でその子を診てもらうことで、飼い主の気づかなかった異常が早期に発見できることもあります。

病院へは病気になった時以外でも、年に一度程度は健康診断で受診することをおすすめします。また、飼育していて何か異常に気がついた時は、あまり様子を見ずにできるだけ早く動物病院で診察を受けるようにしましょう。ヒョウモントカゲモドキは小さな生き物なので、何かの異常が現れても、初期に飼い主が気づきにくいこともあります。ですから、飼い主が異常に気づいた時点で、すでに病気になってから時間が経過してしまっている可能性もあります。様子を見過ぎた結果、状態が悪くなり過ぎて、病院へ連れて行った時にはすでに手遅れなどということにならないように、早めに対処することが大切です。

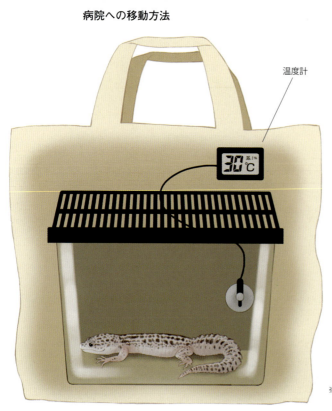

病院への移動方法

温度計

※霧吹き＝蒸れる・冷えるのでしない

移動方法

　病院へ連れて行く日は絶食します。連れ出す前に餌を与えると、移動中に興奮したり、揺れなどの刺激によって吐き戻すことがあるからです。また、飼育ケージごと移動できるのであれば、中に入れている水入れの水などは抜いて、ケージごと連れて行くことで、飼育環境を見てもらうこともできます。ケージごと連れて行く場合には、あえて連れて行く前にケージを掃除せずに、普段のままの状態を見てもらうようにしましょう。また、ケージ内にレイアウトグッズなどを入れている場合には、それらが転がって中にいるヒョウモントカゲモドキが怪我をすることもあるので、転がるようなものはケージから出しておきます。

　ケージごと連れて行く場合でも、別の容器に入れて連れて行く場合でも、移動容器内に霧吹きをして湿らせる必要はありません。移動中にケージ内が蒸れてしまうと、大きなストレスになってしまうし、気温の低い季節では、移動容器内が冷え過ぎてしまうこともあります。また、移動容器内に水を入れた水入れを入れる必要もありません。移動時の容器内は乾いた状態でかまいません。

　ケージごと連れて行く以外の移動容器としては、虫かごなどのプラスチックケースや空気穴をしっかり空けたタッパー・購入時に入っていた容器・各種箱などを利用することができます。いずれの場合も、移動中に蒸れない、暑くならない、冷えないようにすること、逃げ出さないようにすることが大切です。

　また、温度計を入れておくことで、移動中も容器内の温度が適切に保たれているか確認することができます。

季節による移動時の注意点

1．春・秋の移動：

　気温が20℃以上あれば、高温で管理している幼体でなければ移動中の温度管理はさほど神経質になる必要はないでしょう。気温が低めで肌寒い時などは、移動容器の側面や底面にカイロを貼って保温します。床面にカイロを貼る場合、床面半分程度で十分で、床全面を暖めるようにする必要はありません。この季節は、カイロが発熱すると移動容器内の温度が上昇し過ぎてしまうこともあるので、移動中定期的に容器内の温度を確認するようにしたほうが良いでしょう。

2．夏の移動：

　密閉度の高い容器で移動すると、屋外の移動時間が長い場合、熱中症などを引き起こしてしまう危険があります。移動容器は通気性の良いものを使うようにしましょう。ただし、この時期電車内などは冷房が稼働し、ヒョウモントカゲモドキにとっては寒い場合もあります。通気性の良い移動容器にヒョウモントカゲモドキを入れ、それを手提げ袋などに入れて移動し、冷房の効いている空間では、状況によってタオルなどの布をかぶせて、移動容器内に冷気が入らないように工夫すると良いでしょう。ケージ内に温度計を入れておき、温度を確認すると安心です。

3．冬の移動：

　気温の低い季節では、移動中の保温が必要になります。保温用具としては市販のカイロのほか、お湯をペットボトルに入れて、移動容器の上や横に置いて保温する方法もあります。この時期はあまり通気性の良い容器を使うと、ヒョウモントカゲモドキが移動中に冷えてしまう可能性があるので注意しましょう。移動容器の外からカイロを貼り、タオルを巻くなどして保温効果を高め、手提げ袋などに入れて移動します。この際、カイロが発熱し過ぎると、容器内が高温になり過ぎてしまうことがあるので、容器内に温度計を入れて、特に移動時間が長い場合には、定期的に容器内の温度を確認するようにします。電車内など暖房の効いている場所に長時間いる場合にはカイロの発熱とともに、予想以上に容器内の温度が上昇してしまうことがあるので注意しましょう。カイロは移動容器内ではなく、容器の外から貼るようにし、床面に貼る場合は、床面半分程度が温まるようにして、熱からヒョウモントカゲモドキが逃げられる場所も作っておきます。

X
ヒョウモントカゲモドキの病気

症状から考えられる主な病気

1）眼・瞼	
・眼全体が白く見える・白い膜が張っているように見える	⇒角膜炎、膿や炎症産物の充満、ビタミンA欠乏症など
・瞳孔が白く見える	⇒白内障など
・眼球の表面が乾燥している	⇒乾性角結膜炎、ビタミンA欠乏症など
・瞼が開かない	⇒感染症、衰弱、角膜炎、結膜炎、瞬膜炎、ビタミンA欠乏症、明る過ぎて眩しいなど
・左右の眼球の大きさが違う、飛び出しているように見える	⇒緑内障、眼窩の炎症など
・左右の瞼の大きさが違う	⇒奇形、外傷など
2）鼻	
・鼻から分泌物が出る	⇒鼻炎、口内炎、粉塵による刺激など
・鼻が塞がっている	⇒脱皮片、床材詰まり、鼻腔内の感染症など
・血が出る	⇒鼻腔内の炎症、口腔内・食道・胃・呼吸器からの出血など
・鼻の周辺が腫れている	⇒感染症など
3）口腔	
・白い塊が見える	⇒感染症、高尿酸血症など
・歯茎が赤くなっている	⇒歯肉炎、外傷など
・口の中が白い	⇒貧血
・吐血する	⇒異物摂取、口腔内・食道・胃・呼吸器からの出血など
・口角の部分が腫れている	⇒感染症、高尿酸血症など
・口で息をする	⇒呼吸器疾患、鼻腔の閉塞、口腔内の炎症、胃腸障害、重度衰弱、熱中症など
4）皮膚	
・コブのようなものがある	⇒感染症、高尿酸血症、骨の変形、腫瘍など
・赤くなっている	⇒感染症・低温火傷などによる炎症
・脱皮片が残っている	⇒脱皮不全、低温火傷、代謝異常、衰弱など
・血が出ている	⇒外傷、感染症など
・傷がある	⇒外傷など
5）爪、指	
・爪が抜けている	⇒脱皮不全、低温火傷、外傷など
・爪が異常に伸びている	⇒代謝性骨疾患に伴う四肢骨の彎曲、肝機能不全など

・指が取れた	⇒外傷、脱皮不全、低温火傷など
・指の関節に白い塊が見える・腫れている	⇒感染症、炎症、高尿酸血症など
6）総排泄口	
・浮腫んで変形している	⇒ビタミンA欠乏症、感染症、腎機能不全など
・赤黒く腫れている	⇒感染症による炎症など
・ピンク色の内臓のようなものが出ている	⇒総排泄腔脱、脱腸、卵管脱、ヘミペニス脱など
・排泄口周辺に便や尿酸が付着している	⇒腸炎、腸閉塞、総排泄腔内の炎症、栓子詰まりなど
・半透明な貝の干物のものが見えている	⇒栓子
・クロアカルサックが腫れている、または、赤黒くなっている	⇒栓子詰まり、感染症など
・総排泄口よりも頭側に、規則正しく並ぶ小さなつぶつぶがある	⇒オスでは前肛孔
7）尿酸	
・尿酸が黄色い	⇒正常でも黄色い尿酸を出すことはある。肝不全、溶血性疾患など
・尿酸が緑色	⇒重度の肝不全、溶血性疾患など
・尿酸の塊表面に血が付いている	⇒尿路系あるいは総排泄腔の出血など
8）糞	
・便が出ない	⇒便秘、腸閉塞、絶食時など
・形のない便をする	⇒腸炎、寄生虫感染など
・血が付く、暗赤色のタール状の便をする	⇒重度の腸炎、腸閉塞、消化管内異物など
・食べたものがそのまま出てくる	⇒腸炎、寄生虫感染など
・緑色の便をする	⇒絶食時、重度の溶血など
・ひも状の白いものが付いている	⇒寄生虫、栓子
9）尾	
・尾が細くなった	⇒各種の消耗性疾患、寄生虫感染、飢餓、脱水など
・尾の先端の色が赤黒い	⇒炎症、外傷、低温火傷など
・曲がっている	⇒奇形、代謝性骨疾患、再生尾など
・腹側の皮膚が赤い	⇒低温火傷など
10）行動の異常	
・歩きかたがおかしい・四肢を持ち上げないで歩く	⇒衰弱、骨折、代謝性骨疾患など
・頭が傾いている、同じ方向にくるくる回る	⇒脳神経障害、内耳や脳前庭系の異常、頭部や頸部の外傷など
・息んでいる	⇒卵詰まり、便秘、腸閉塞など
11）その他	
・お腹が張っている	⇒抱卵、肥満、卵詰まり、便秘、腹水、腸閉塞など
・お腹の中が黒く見えて張っている	⇒腹腔内の出血など
・お腹の中が光を通すように、透けているように見える	⇒腹水、消化管内液体貯留、卵管内液体貯留など
・お腹の中全体が白っぽく見える	⇒肥満、抱卵など
・前肢脇に水ぶくれのようなものがある	⇒肥満、浮腫など
・四肢の関節が腫れている	⇒感染症、外傷、高尿酸血症、代謝性骨疾患など
・全身がぶよぶよして浮腫んでいる	⇒ホルモン異常、浮腫など
・お腹の一部が出っ張っている	⇒腹壁ヘルニア、肋骨骨折など

Ⅹ ヒョウモントカゲモドキの病気

ヒョウモントカゲモドキに見られる主な病気

　ここからの病気の解説は、獣医師向けに書いたものではなく、飼育しているヒョウモントカゲモドキにはどのような病気があるのかを知ってもらうために書いたものです。このため、できるだけわかりやすい表現で説明している部分もあります。

A 鼻

A1) 鼻孔の床材詰まり、脱皮片詰まり

【原因】非常に細かな床材を使用している場合、床材が鼻に詰まってしまうことがあります。また、鼻周囲の脱皮片が一度脱皮不全で詰まると、その後の脱皮ごとに鼻部の脱皮不全を繰り返し、鼻が詰まったり、二次的に細菌感染を起こすことがあります。

【症状】外見上、鼻の穴が茶色いあるいは半透明なもので塞がっているのを確認することができます。鼻での呼吸がしづらい場合には、ヒョウモントカゲモドキは、口をうっすら開けて呼吸することもあります。

【対処法】詰まっている異物あるいは脱皮片をていねいに取り除きます。ただし、二次的に炎症や感染症を引き起こしている場合には、詰まっているものを除去するとともに、炎症や感染症に対する治療も必要になります。

A2) 鼻腔の感染症

【原因】鼻腔内の感染症は、異物による外傷のほか、眼に関連する感染症から鼻涙管を通じて

鼻孔の脱皮片詰まり：脱皮片により、鼻孔が塞がっているのがわかる

波及することがあります。
【症状】鼻孔周辺の皮膚が腫れてきたり、鼻血が出るなどの症状が見られることもあります。これらに伴って鼻の穴が塞がり、両鼻が塞がった場合には、わずかに口を開けて、口で呼吸するようになります。
【対処法】動物病院にて診察を行い、抗生物質の投与や皮膚を切開して膿を取り除くなどの治療を行います。また、眼に問題がある場合には、同時に眼の治療も行います。

B 眼

B1）結膜炎

【原因】原因を特定するのが難しい場合もありますが、外傷や床材・埃などの異物による刺激によって、結膜炎が引き起こされることがあります。また、脱皮時に瞼周囲の脱皮片が残り、これを頻繁に舐め取ろうとしたり、瞼を壁などに擦り付けることで、引き起こされることもあります。

【症状】頻繁に瞬きをしたり、薄目になったり、瞼を床やケージ壁面に擦り付けるようなしぐさが見られることもあります。これに伴って二次的に瞼やその周囲の皮膚に小さな傷ができることがあります。また、細菌感染を起こすと眼球と瞼の間に膿が溜まるなどの症状が見られるようになります。

【対処法】床材などの粉塵が原因の場合には、床材を取り除くなど、原因を追究して問題を取り除くことが大切です。床材や脱皮片が眼に入っている場合には、それらを除去します。原因の除去とともに、点眼薬などを用いて治療します。いずれの場合も動物病院で処置を行うようにしましょう。

B2）角膜炎、角膜潰瘍

【原因】細菌感染や外傷により引き起こされることがあります。また、結膜炎が気になったり、眼の周りの脱皮片を取り除こうとする時などに、眼を何かに擦り付けることで引き起こされることもあります。

【症状】角膜に炎症や外傷が引き起こされると、

結膜炎①：床材が眼に付着しているのがわかる。このような異物による刺激が、結膜炎など眼のトラブルに発展することがある

結膜炎②：脱皮不全により瞼周辺の脱皮片が刺激となることで、眼のトラブルが二次的に引き起こされる

結膜炎③：炎症産物が眼頭部分に確認できる。同時に瞬膜炎などを引き起こすこともある

ヒョウモントカゲモドキの健康と病気

角膜表面が白く濁って見えます。このため、飼い主が白内障と間違えることがあります。さらに状態が悪化すると角膜潰瘍が引き起こされます。痛みや違和感から、眼を閉じていることが多くなり、眼を舐める行為が増えます。二次的に眼脂が溜まり、眼を閉じられず常に瞼が半開きの状態のままになったり、あるいは閉じたままになることもあります。眼を擦り付けた場所が尖っていたり、激しく擦り付けた場合などでは、角膜穿孔を起こすこともあります。

角膜炎、角膜潰瘍①：眼を尖ったものに擦り付けたことにより、角膜穿孔を引き起こしている

角膜炎、角膜潰瘍④：炎症産物や目脂に巻き込まれて、瞼部分の脱皮片や敷かれていた床材が付着している

角膜炎、角膜潰瘍②：二次感染や目脂が溜まり、これらで眼球が覆われて、眼を閉じることができなくなっている

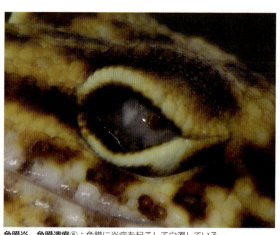
角膜炎、角膜潰瘍⑤：角膜に炎症を起こして白濁している

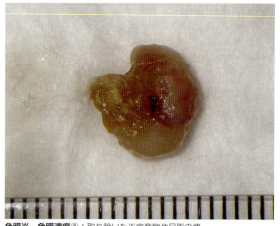
角膜炎、角膜潰瘍③：取り除いた炎症産物や目脂の塊

角膜炎、角膜潰瘍⑥：外傷により、角膜の一部が白濁している

【対処法】動物病院で診察を受け、点眼薬などを用いて治療します。

B3）ビタミンA欠乏症

【原因】餌に含まれるビタミンAの不足など、ビタミンAの摂取不足によって引き起こされます。

【症状】ビタミンAが欠乏すると、結膜上皮や涙腺上皮の扁平化生などが認められるようになります。眼瞼炎や結膜炎が引き起こされ、瞼の浮腫が見られたり、眼球が乾燥するなどの症状が見られます。さらに目を気にして頻繁に舐めるなどして二次感染を引き起こすこともあります。状態が悪化すると、眼脂が溜まるなどしてチーズ状の沈着物がコンタクトレンズをはめているかのように眼球を覆います。このような状態になると、瞼を閉じることができなくなったり、あるいは眼を開けることができなくなることもあります。

【対処法】動物病院にて治療を行います。眼脂や炎症産物などの沈着物が眼を覆っている場合にはていねいに取り除き、感染症が認められる場合には、抗生物質などで治療を行うとともに、ビタミンAの投与を行い治療します。ただし、ビタミンAを投与する場合には、過剰症を引き起こさないように注意します。眼脂などの症状はビタミンA欠乏だけではなくさまざまな眼の病気で見られるため、動物病院にて診察を受け、適切な治療を受けるようにしましょう。

B4）眼窩部の感染症

【原因】眼瞼の感染症や瞼部の外傷のほか、口腔内の感染症や全身の感染症から波及して引き起こされることがあります。

【症状】眼窩部およびその周辺の腫れや浮腫が認められます。外見的には目の周り（眼窩部）にこぶができたように見えます。口内を確認すると、異常が認められる側の上顎部分も腫れていることがあります。

眼窩の感染症①：瞼の周囲が腫れているのがわかる

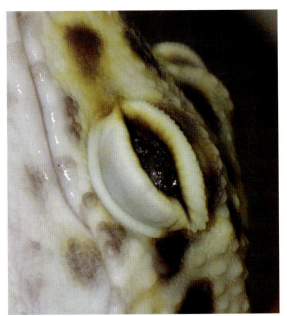

ビタミンA欠乏症：ビタミンA欠乏症が原因と考えられる眼の異常。目脂が固まっている。このような症状を示す病気はたくさんあるので、見ただけで病気の原因を判断するのは難しい

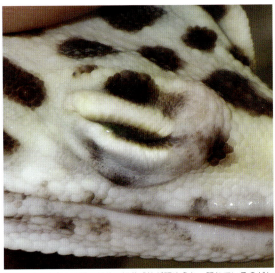

眼窩の感染症②：眼頭の部分に細菌感染が認められ、腫れているのがわかる

C 口

C1) 口内炎

【原因】採食時に餌の尖った部分が刺さったり、床材が刺さるなどの外傷、吻部の外傷、細菌や真菌などの感染症が原因となって引き起こされます。また、栄養不良時や大きなストレス下に置かれている場合のほか、飼い主が強制給餌を行う際に口腔内を傷つけることが原因となって引き起こされることもあります。

【症状】肉眼的には、口腔内の一部が赤くなっていたり、感染を起こしている場合には白色の膿の塊が溜まっているのを確認することができます。軽度のものでは食欲に変化はありませんが、重度になると食欲がなくなることもあります。また、重度のものでは唾液分泌が亢進して口の周りに唾液が付いていたり、唾液により口の周囲に汚れが付着することもあります。これらを気にして口をケージの壁やシェルターに擦りつける仕草をすることもあります。

【対処法】動物病院で治療を行います。皮下に膿が溜まっているような場合には切開排膿して、患部を洗浄消毒するとともに、局所的あるいは全身的な抗生物質の投与を行い治療します。

【対処法】口腔内を消毒し、必要に応じて抗生物質の投与などを行います。局所の治療とともに、環境に問題がある場合にはその改善を行うようにします。他の消化器病などから波及している場合には、その原発疾患の治療も同時に行うようにします。

C2) 膿瘍

【原因】口内炎と同様の原因により細菌感染を

口内炎：赤く炎症を起こしている場所や一部に膿が溜まっている場所があるのがわかる

X ヒョウモントカゲモドキの病気

口角の感染症①：口角部分に膿が認められる

口角の感染症②：口角部分から感染症が広がり、大きな皮下膿瘍ができている

引き起こし、膿瘍が形成されることがあります。また、別の部位から波及して細菌感染が引き起こされることもあります。

【症状】口の中にできた膿の固まりが肉眼でも確認できます。膿瘍が大きくなると、物理的に口腔内が狭くなり餌が飲み込みずらくなったり、口を閉じることができなくなることもあります。また、上顎に膿瘍ができると、できた場所によっては眼球が突出したり、鼻の穴が塞がってしまうこともあります。さらに状態が悪化すると、血液を介して他の臓器に細菌感染が広がったり、敗血症を引き起こすこともあります。

【対処法】動物病院にて治療を行います。治療としては、取り除ける場合には膿を取り除いた後、局所を洗浄消毒し、同時に全身的な抗生物質の投与を行い、感染症を治療します。

C3）口角の炎症

【原因】左右口角部にポケット状の空間があり、ここに感染症を引き起こすことがあります。ヒョウモントカゲモドキ自身の状態が悪く、免疫力が低下している時や、口内炎などが引き起こされている時に同時に見られることもあります。

【症状】感染症が引き起こされると、口角部分や頬部が腫れてきます。感染が悪化し膿が溜まると、頬っぺたが腫れているように見え、さらに悪化すると下瞼を圧迫して眼が開かなくなることもあります。また、口を開けることを嫌い、餌を食べなくなることがあります。

【対処法】動物病院にて治療を行います。膿が溜まっている場合には除去後消毒して、全身的な抗生物質の投与を行うなどして治療します。

C4）下顎結合の骨折

【原因】ピンセットなどで餌を与えた時に、ヒョウモントカゲモドキが間違ってピンセットなど硬いものを噛んでしまった時に引き起こされることがあります。

【症状】下顎結合の骨折が起こると、下顎の先端部分が割れているので、力を入れて餌を咬むことが難しくなり、口を閉じていても、下顎の左右どちらか片側が半開きのような状態になることがあります。また、口を開けた状態でヒョウモントカゲモドキを正面から見ると、下顎が左右対称ではなく、どちらかがずれているように見えることもあります。

【対処法】動物病院にて、レントゲン検査などを行い診断します。成体のヒョウモントカゲモドキでは、栄養状態が良ければ数週間の絶食にも耐えられるので、手術などを行わずにそのまま数週間顎を使わせないように、絶食を行うことで治癒することもあります。

C5）口唇部の炎症

【原因】強制給餌などを頻繁に行ったり、ピンセットで餌を与える際に、頻繁にピンセットを噛んでしまっている場合に、吻部周辺の唇部分や歯肉部分に炎症が引き起こされることがあります。また、ヒョウモントカゲモドキが夜間に頻繁に脱出を試みるなどして、ケージの蓋やケージ内の凹凸のある部分に顔を押し付けるなどの行動を取っている場合にも、鼻や吻部に外傷ができることがあります。

【症状】唇部分の鱗が剥がれたり、カサブタができるなどの症状が見られます。また、歯肉の充血や炎症が見られたり、細菌感染を起こすと、患部に膿が溜まるなどして腫れてきます。

【対処法】原因を見つけ改善します。感染症を起こしてしまった場合には、動物病院にて診察を行い、患部の消毒や抗生物質の投与を行います。また、膿が溜まっている場合には切開し排膿するなどの処置を行います。

D 爪

D1）爪取れ

【原因】脱皮不全により指先に脱皮片が巻き付いた状態が続いた場合や、低温火傷、隙間などに爪を挟んで抜けてしまうなどのアクシデントが起こることがあります。

【症状】指先からの出血や指の変色で飼い主が気づくこともありますが、まったく気づかずに飼育されていることもあります。

【対処法】爪が抜けた直後の場合には、念のため消毒しておきましょう。床材に砂などを使っている場合は、血が止まるまではキッチンペーパーなどを敷いて傷に汚れが付かないようにします。脱皮不全がある場合には、すみやかに脱皮片を取り除かないと、爪だけでなく指も壊死して取れてしまうことがあります。低温火傷が原因の場合には、飼育環境を改善しましょう。

口唇部の炎症：上唇の欠損が認められる。この症例では、強制給餌の繰り返しにより、炎症が引き起こされていた

E 皮膚

E1）脱皮不全

【原因】脱皮不全は、全身的にも局所的にも起こることがあります。原因として、極度な乾燥状態でも引き起こされることがありますが、あまりに加湿し過ぎた場合にも引き起こされることがあります。特に脱皮直前に霧吹きを頻繁に行い長時間ケージ内が蒸れた状態が続いたり、床材を濡らすような過剰な加湿は、脱皮不全を助長してしまうことがあります。さらに、シェルターの下にパネルヒーターが敷かれている場合には、低温火傷が原因で四肢の指や手のひら・足の裏・腹部や尾の腹面などが限局して脱皮不全を起こすことがあります。

外傷がある場合には、その周辺の部分だけ脱皮不全が引き起こされたり、全身性の病気や衰弱、代謝障害などでは全身的な脱皮不全が引き起こされることがあります。

【症状】指や尾の先端など、非常に細い部分で脱皮不全が引き起こされると、脱皮片が正常な組織の血流を妨げるなどの障害が引き起こされます。このため、脱皮不全を起こしている場所から末梢にかけて虚血性の壊死を引き起こし、指先や尾末端部の脱落やミイラ化が認められるようになります。

全身的な脱皮不全の場合、ヒョウモンカゲモドキ自身が衰弱しているなどの理由から、自ら脱皮片を取り除こうとしないために、全身の浮いた皮がそのまま残っている場合もあります。また、最初の脱皮が完全に終わっていないにもかかわらず、すぐに次の脱皮が引き起こされてしまうなど、短期間に頻繁な脱皮が繰り返される場合には、甲状腺機能の亢進など、内分泌異常や代謝異常が原因となっていることもあります。

【対処法】まずは脱皮不全の原因を追究することが大切です。全身疾患が原因ならば、その問題を解決しないかぎり、脱皮不全は二次的に引き起こされているだけなので、脱皮片を取り除いても根本的な問題解決にはなりません。また、局所的な脱皮不全においても、加湿し過ぎなのか、乾燥し過ぎなのか、低温火傷が原因なのかなど、原因を見つけて改善しないかぎり、脱皮不全は繰り返されます。

原因の追及と同時に、残っている脱皮片は取り除くようにします。特に指や尾の先に脱皮片が残っている場合、早急に除去しないと指や尾の先端が壊死して脱落してしまう可能性が高くなります。貼り付いてしまって脱皮片が除去しにくい場合には、微温湯に浸けて脱皮片をふやかした後、先端の細いピンセットなどでていねいに脱皮片を取り除きます。この時、脱皮片を全て取り除かなければ、取り残した脱皮片が再度乾燥してしまうと、さらにしっかり皮膚へ張り付いてしまうので注意しましょう。脱皮が途中で止まってしまっているような場合は、無理に浮いている脱皮片をはがそうとすると、皮膚を傷つけることがあります。脱皮片をうまく取り除けない場合には、動物病院で処置してもらいましょう。内分泌疾患や代謝異常が疑われる場合には、それらの治療を行うことで、症状が改善されることがあります。

ヒョウモントカゲモドキの健康と病気

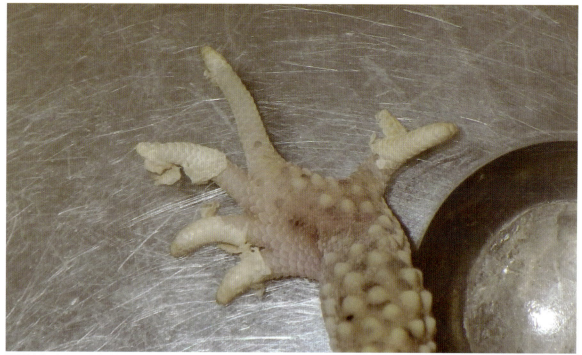
脱皮不全①：指先に脱皮片が残っているのがわかる

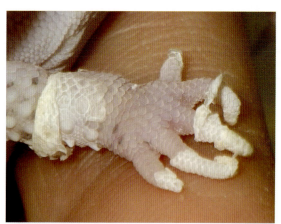
脱皮不全②：このように指先に脱皮片が巻き付いてしまうと、指先に壊死を引き起こすことがある

脱皮不全③：頸部に認められた脱皮不全

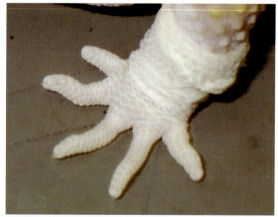
脱皮不全④：手袋状に脱皮片が残っている

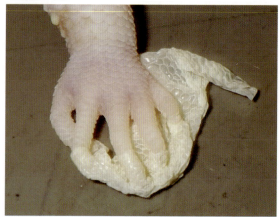
脱皮不全⑤：全ての指に脱皮片が巻き付いている

Ⅹ ヒョウモントカゲモドキの病気

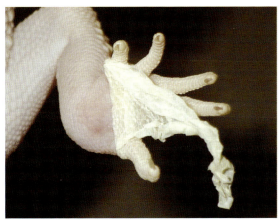

脱皮不全⑥：足裏に脱皮片が残っている。このような脱皮不全は低温火傷が原因のこともある

脱皮不全⑦：頭部の脱皮が途中で止まってしまっている

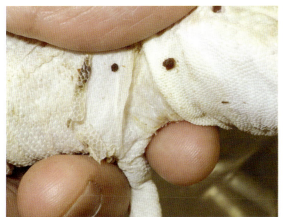

脱皮不全⑧：代謝障害が疑われる脱皮不全。脱皮皮が二層になっている

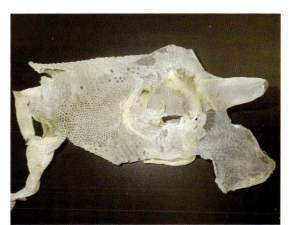

脱皮不全⑨：取り除いた脱皮片

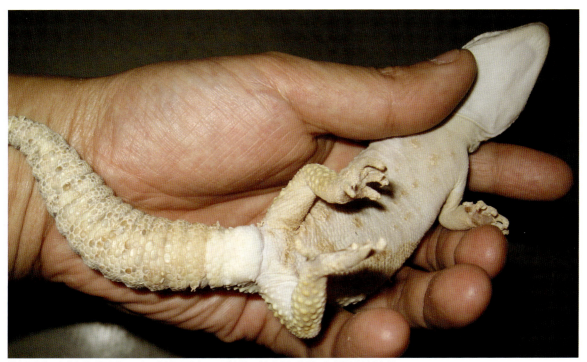

脱皮不全⑩：床材を常時湿らせていたことが原因となって引き起こされた例。腹部に皮膚炎も認められる

病気やケガを予防するためのレオパ飼育書

E2）低温火傷

【原因】多くはパネルヒーターが原因となって起こります。パネルヒーターをケージ内の床に設置して、キッチンペーパーなどを敷いだだけの状態や、ケージの外から敷いている場合でもケージの床面が熱せられた結果、低温火傷を引き起こす条件ができあがります。ただし、低温火傷は長時間熱源の上に居続けなければ、引き起こされることはありません。多くは、ケージ内の空間温度が低い場合や、シェルターの下にパネルヒーターを設置している場合です。ケージ内だけでなくケージの外からパネルヒーターを設置していても、ヒーターの赤外線によりケージの床部が熱せられます。この状態で、ケージ内の空間温度が低い場合、体温を維持できるのはパネルヒーターの上だけになるので、ヒョウモントカゲモドキは長時間パネルヒーターの上で過ごすことになります。また、シェルターの下にパネルヒーターを敷いていれば、明るい時間帯はシェルターに隠れているので、結果として長時間パネルヒーターの熱に晒されることになります。

【症状】多くは手のひら・足の裏および尾の腹面が赤くなったり、この部分に限局した脱皮不全を引き起こします。また、尾の先端部分が赤く変色して壊死することもあります。いずれも、常に床に接している部分に低温火傷が引き起こされ、四肢を持ち上げれば熱源から遠ざかることのできる頭部や背面部分は火傷を負うことはあまりありません。また、パネルヒーターから外れたシェルターの外に上半身をよく出している個体では、後肢足裏と尾の腹面だけ低温火傷を起こすこともあります。

【対処法】本来、飼育ケージ全体の空間温度が適温に保たれていれば、シェルターの下にパネルヒーターを敷く必要はありません。夜間の活動時間に、ヒョウモントカゲモドキが代謝を上げたい時に利用すればよいものです。シェルター領域にパネルヒーターを敷く場合には、そうでない場所と2個シェルターを用意するか、大きめのシェルターを使用して、シェルター内の床半分の領域にパネルヒーターがくるように

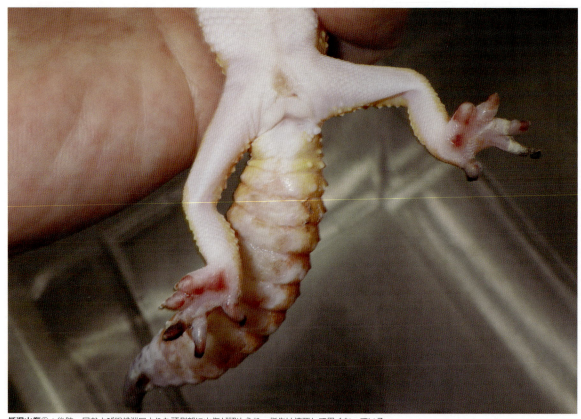

低温火傷①：後肢、尾および総排泄口よりも頭部に火傷が認められ、指先は壊死して黒くなっている

X ヒョウモントカゲモドキの病気

設置します。これと同時に、ケージ内にパネルヒーターを設置している場合にはその上に、ケージの外からパネルヒーターを設置している場合でも、ケージの床の上に厚さ2mm程度の段ボールなどを切って敷くようにして、パネルヒーターとの間にわずかな空気の層を作り、直接パネルヒーターの熱がヒョウモントカゲモドキに伝わらないようにします。ただし、あまり厚めの段ボールなどを敷くと熱が伝わらなくなり、また、ケージの外にパネルヒーターを敷いている場合、パネルヒーターとケージ底面の間に段ボールなどを敷いてしまうと、ケージ内まで熱が伝わらなくなるので注意します。このような対策を施したら、しばらくしてからその上に手を置いてみて、ほどよく温まっていることを確認しましょう。もしも全く熱が伝わっていない場合には、もう少し薄めの段ボールなどを用いてセットし直しましょう。

低温火傷が疑われる症状が見られた場合には、環境の改善とともに動物病院で診察を受け、必要に応じて患部の治療を行います。

低温火傷②：後肢指および尾の先端が重度の火傷により壊死して黒くなっている

低温火傷③：尾の先端が壊死後干からびている

低温火傷④：尾の腹面全体が低温火傷により赤くなっているのがわかる

低温火傷⑤：後肢足裏に軽度の低温火傷が認められ、わずかに赤らんでいるのがわかる

ヒョウモントカゲモドキの健康と病気

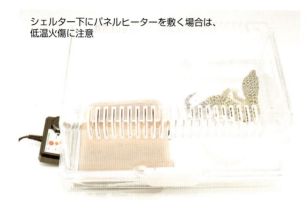

シェルター下にパネルヒーターを敷く場合は、低温火傷に注意

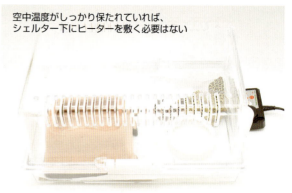

空中温度がしっかり保たれていれば、シェルター下にヒーターを敷く必要はない

段ボールを挟んだ例。セット後、適温になっているかどうか確認する

E3）外傷

【原因】脱皮時に、ケージ内にレイアウトしているものに顔を擦り付けることで小傷ができたり、雌雄を一緒に飼育しているなど複数飼育時などに、咬傷を負うことがあります。また、蓋でヒョウモントカゲモドキを挟んでしまうなどのアクシデントにより外傷を負うことがあります。高さのないケージでは、夜間の活動時期に、ヒョウモントカゲモドキが脱出を試みて、ケージの蓋に吻部を擦り付けることによって、唇部分に擦過傷を負うこともあります。

【症状】皮膚に出血が見られたり、損傷があることで飼い主が気づくことがありますが、小さな傷では気づかずに治ってしまっていることもあります。

【対処法】軽度の傷の場合、そのまま様子を見ても大丈夫ですが、外傷を発見したら消毒薬で患部を消毒するようにします。傷が塞がった後、時間が経過してから皮下に膿瘍を引き起こすこともあるので、しばらくは傷が治癒しても注意して観察しましょう。特に咬傷の場合は、二次的な感染症を引き起こしやすいので注意が必要です。患部の治療とともに、原因を取り除くことが大切です。

外傷の治療時に軟膏を塗ると、ヒョウモントカゲモドキがその部位を気にして、軟膏を全て舐め取ってしまうことがあるので、外用薬の使用には注意が必要です。

外傷：ケージの蓋に肘関節部分を挟んでしまったことによる外傷

E4）皮下膿瘍

【原因】 細菌感染によることが多く、外傷や咬傷、口腔内の感染症のほか、離れた部位から血液を通して広がるなどして、引き起こされることもあります。

【症状】 皮膚の一部がコブのように腫れてくることで気づきます。膿瘍は、時間の経過とともに乾酪化した壊死組織や炎症産物からなるチーズ様の塊となり、周囲は繊維質の組織で取り囲まれます。時間の経過とともに、患部の皮膚表面も炎症を起こし赤くなることもあり、最終的に壊死すると皮膚が破けて、膿の塊が肉眼で見えることもあります。

【対処法】 患部を切開し、内容物を除去した後、洗浄消毒し、局所的あるいは全身的な抗生物質の投与を行い治療します。膿は固形で存在していることが多く、抗生物質の投与だけでは、患部のコブ状に固まってしまった膿がなくなることは少ないので、基本的には外科的に除去するとともに、内科的な治療を行います。

皮下膿瘍：下顎部分に細菌感染による膿瘍が認められる

E5）皮膚炎

【原因】 細菌感染や真菌感染が原因で皮膚炎が見られることがあります。飼育環境が適切でなく蒸れた環境が続いた場合や、非常に不衛生な環境での飼育、外傷などが引き金になって引き起こされることもあります。また、衰弱している個体や、不適切な温度での飼育も、個体の免疫力を含め新陳代謝を低下させることにより、さまざまな病気に罹りやすい状態を作ります。これらの原因以外では、稀に刺激性のある成分が含まれているものを床材に使用したり、薬剤などによる接触性皮膚炎が引き起こされることもあります。

【症状】 皮膚表面に小さな赤い斑点ができたり、水泡や小さなカサブタが多く見られたり、腫れ、発赤などが見られます。病変部は、二次的な脱皮不全が見られることがあります。

【対処法】 不適切な飼育環境や不衛生な環境が原因の場合には、それらを改善します。他の病

皮膚炎①：床材を湿らせて飼育されたことにより引き起こされた皮膚炎

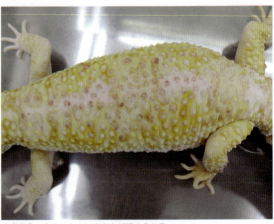

皮膚炎②：全身に小さな内出血が認められる

X ヒョウモントカゲモドキの病気

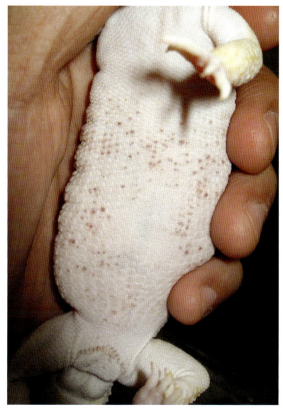

皮膚炎③：腹部に炎症が認められる

気などにより衰弱し、抵抗力が落ちていることで二次的に皮膚炎が引き起こされている可能性も否定はできません。特に食欲がないなど皮膚以外にも異常が認められる場合には、全身状態を確認して、問題が認められればそれらの治療も同時に行います。皮膚炎の原因はさまざまです。異常が認められた場合には、飼育環境を再度見直してみるとともに、動物病院で診察を受けましょう。

E6）前肛孔の感染症

【原因】特にオスで認められ、前肛孔に細菌などが感染することで引き起こされます。不衛生な環境、たとえば床材が湿っていることが多い環境であったり、下痢が続いていて排泄口の周りが汚れていることが多いような場合、あるいは前肛孔周囲の脱皮不全などは、感染症を引き起こす原因になります。また、血液を介して、他の部位から波及することも考えられます。特に飼育環境に問題があったり、他の病気にかかっている時に、免疫力が低下していたり、新

陳代謝が低下しているような個体では、感染症を引き起こしやすくなります。前肛孔が閉塞した場合にも、その周辺が腫れることがあり、二次的に炎症や感染症が引き起こされることがあります。

【症状】前肛孔の部分が赤く腫れたり、皮膚の下に膿が溜まることもあります。重度になると前肛孔を含め、周辺の皮膚が壊死して赤黒く変色し、脱落することもあります。

【対処法】動物病院にて治療を行います。患部の消毒や必要に応じて排膿、洗浄消毒を行い、局所的あるいは全身的な抗生物質の投与を行い治療します。

F 排泄口周辺のトラブル

F1）栓子詰まりと感染

【原因】栓子とは、ヘミペニスが収納されているクロアカルサック内に定期的に溜まる蝋様の塊のことです。栓子形成の原因はよくわかりませんが、周期的にクロアカルサック内で収納されているヘミペニスの上皮細胞が剥離するなどして、さらに浸出物などが加わって栓子が形成されるのかもしれません。栓子は通常自力で排泄されますが、何らかの理由で排泄するタイミングを失うと、初め水分を含んで柔らかかったものが、時間の経過とともに水分を失いクロアカルサック内に貼り付き、自力での排泄が困難になることがあります。このような状態で、さらに排泄物や尿がクロアカルサックに染み込んでいくと、二次的な炎症や感染症を引き起こします。

【症状】初期では外見上解りづらいですが、貝の干物のようなものが総排泄口の左右縁のどちらか一方あるいは両端に見えることがあります。栓子が自力で排泄されない状況が続くと、徐々に栓子が大きくなることがあります。クロアカルサックが普段より膨らんでいるかのように見え、触れると硬い塊を確認することができます。ここへ二次的に感染症が引き起こされると、炎症を起こしてクロアカルサック部分の皮膚は赤くなり、さらに悪化すると皮膚が壊死し、出血を伴って膿が排泄されることもあります。

病気やケガを予防するためのレオパ飼育書 **127**

ヒョウモントカゲモドキの健康と病気

また、周辺組織にも感染症が波及すると、総排泄口周辺の皮膚までもが炎症や壊死を起こしたり、皮下膿瘍を形成して、排泄が困難になることもあります。

【対処法】排泄口から見えている栓子をやさしく引っ張ることで、除去できることもあります。ただし、水分を含んでいる栓子は柔らかいので力ずくで引っ張ると、途中で切れてしまうこともあるので注意が必要です。クロアカルサックを尾側より圧迫して栓子を排出することも可能ですが、慣れていないと、尾椎や腰椎を損傷させてしまうこともあるので、無理はせず、動物病院で処置してもらいましょう。炎症や感染症を引き起こしている場合、あるいはクロアカルサック内に膿瘍が形成されてしまっている場合には、動物病院にて適切に処置してもらう必要があります。除去できる栓子や膿は除去して、患部を消毒し、抗生物質の投与を行うなどして治療します。

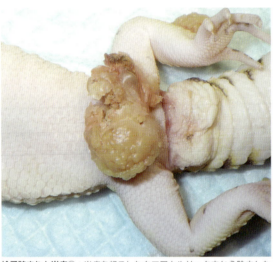
栓子詰まりと炎症①：炎症を起こしたクロアカルサック内から除去した栓子

栓子詰まりと炎症②：栓子に尿酸が付着し、クロアカルサック内に炎症が引き起こされている

栓子詰まりと炎症③：炎症を起こしているクロアカルサック。皮膚が赤くなっているのがわかる

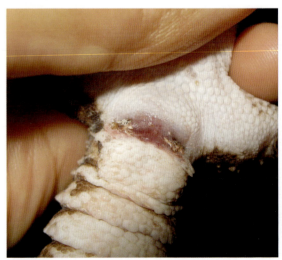
栓子詰まりと炎症④：左右のクロアカルサックに詰まっている栓子。まだ炎症は引き起こされていない

F2) 排泄口部の感染症

【原因】総排泄口周辺に細菌感染を引き起こすことがあります。総排泄腔内の炎症から波及したり、栓子形成からクロアカルサックの感染に及び、そこから波及して引き起こされることもあります。また、総排泄口周囲の脱皮不全などにより、排泄口周囲が不衛生になって二次的に引き起こされるなど原因はさまざまです。

【症状】初期では排泄口部分がわずかに腫れていたり、排泄口周辺の皮膚が赤くなるなどの症状が見られます。次第に悪化していくと、排泄口の形が変形し腫れあがり、潰瘍ができたり皮下に膿が溜まるなどの症状が見られるようになります。このような状態になると、炎症による腫れや皮下の膿などにより排泄口が塞がり、排便排尿が困難になったり、尿を垂れ流すような症状も見られるようになって、さらに状態が悪化すると食欲がなくなり痩せてきます。これらの症状とともに、頻繁に排泄口を舐める行動が見られます。

【対処法】動物病院にて治療を行います。治療とともに、飼育ケージの床材はキッチンペーパーなど衛生的で、頻繁に交換できるもので管理します。

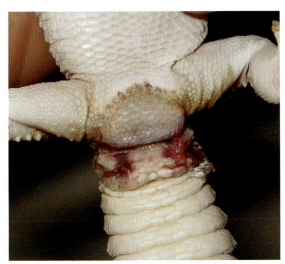

排泄口部の感染症：クロアカルサック内の感染症から波及した総排泄口周辺の炎症。総排泄口周辺の皮膚が赤黒くなっているのがわかる

F3) 総排泄腔脱

【原因】総排泄腔の炎症、激しい下痢、下部消化管の異常、卵詰まり、消化管内異物あるいはこれらに伴う息みなどが原因で、総排泄腔脱が引き起こされます。

【症状】排泄口から総排泄腔粘膜が反転して脱出し、筒状の突出物として確認できます。脱出を放置すると浮腫を起こしたり、出血や壊死を引き起こします。また、ヒョウモントカゲモドキが脱出部を気にして頻繁に舐めたり、時に咬みちぎってしまい、状態をより悪化させることもあります。脱出した粘膜に床材や尿酸が付着して、外見的に何か解らなくなっていることもあります。

脱腸やオスではヘミペニス脱、メスでは卵管脱などとの鑑別が必要です。

【対処法】脱出直後で、外傷や浮腫などが見られない場合には、そっと排泄口から脱出した粘膜を押し戻します。その後、しばらくの間は再脱出を防ぐために、排泄できる程度の隙間を開けて排泄口を縫合します。縫合した糸は2週間程度で取り除きます。脱出した粘膜が重度の浮腫を起こしていたり、外傷がひどい場合などは、その部分を切除します。いずれの場合も、総排泄孔脱を引き起こした原因を見つけ対処しなければ、根本的な問題解決にはなりません。

脱腸や卵管脱など、総排泄腔よりも奥の体腔内臓器が脱出している場合には、排泄口から押し戻すだけでは元の場所へ整復できていないことがあります。

これらの処置とともに、抗生物質や抗炎症剤の投与などを行い治療します。

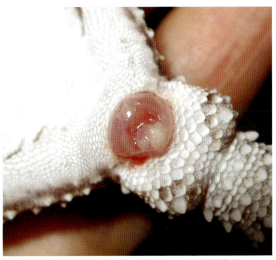

総排泄腔脱：総排泄腔の炎症に伴って引き起こされた総排泄腔脱

G 栄養

G1）代謝性骨疾患

【原因】主にカルシウムの投与不足やビタミンD3の不足が原因となって引き起こされます。特に成長期の個体では、成長とともに骨を形成していかなければいけないので、カルシウムを適切に添加するとともに、カルシウムを腸から効率良く吸収するために必要なビタミンD3を供給しなければ、容易に代謝性骨疾患に陥ります。また、産卵を繰り返しているメスでも、卵を作るために、体内のカルシウムを消費し、代謝性骨疾患を発症することがあるので注意が必要です。ビタミンD3を体内で合成するためには、UVB（紫外線B波）が必要で、一般的な昼行性トカゲの飼育では、市販されているフルスペクトルライトを照射することで自ら合成させます。しかし、ヒョウモントカゲモドキは夜行性であるということと、飼育されているケージの多くが、照明器具を設置するには狭過ぎるという理由から、フルスペクトルライトを使用されることがありません。このため、カルシウム剤のみを添加していても、カルシウムの吸収が効率良く行われずに、特に成長期の個体で代謝性骨疾患が引き起こされやすくなります。

これらの原因のほか、下痢が続いているなど消化管に異常がある場合にはカルシウムの吸収がうまく行われなくなり、また、ビタミンD3の活性化に関与する肝臓や腎臓に障害がある場合にも、カルシウムの吸収がうまく行われなくなることがあります。

【症状】骨が柔らかくなることで、四肢骨の彎曲や病的骨折、肋骨の変形、背骨がゆがむなどの症状が見られます。病気が進行すると、四肢で体を支えることができなくなり、身体を持ち上げて歩くことができなくなり、ほふく前進のような歩きかたになります。

脊椎の変形や病的骨折が起こると、下半身の麻痺が引き起こされ、排便や排尿が自力でできなくなったり、後肢や尾の麻痺が見られることもあります。また、下顎骨が軟化することで、口が開き気味になったり、下顎骨と頭骨の重度の軟化により、餌をくわえることができなくなります。この結果、餌の前までは近づいてきても、餌を食べなかったり、餌をくわえても、咬めずに落としてしまうなどの症状が認められます。症状が進行して低カルシウム血症を引き起こすと、四肢や体を小刻みに痙攣させているよ

Ⅹ ヒョウモントカゲモドキの病気

代謝性骨疾患①：前肢橈骨と尺骨の病的骨折が認められる

代謝性骨疾患②：レントゲン写真。骨へのカルシウム沈着が悪いため、レントゲンで骨がはっきりと写らない

代謝性骨疾患③：下顎骨が軟化して口が開いたままになっている（写真はニホンヤモリ）

代謝性骨疾患④：レントゲン写真の個体。重症の個体では骨の軟化および病的骨折により、身体を持ち上げて歩くことができず、ほふく前進のような動きをするようになる

うな症状が見られたり、食欲不振や便秘などの症状が見られるようになります。このような状態にまでなると、眼を閉じてほとんどじっとしていることが多くなり、時に総排泄腔脱や直腸脱が二次的に引き起こされることもあります。

　病気が進行して、低カルシウム血症を引き起こした場合、その状態を放置すれば死に至ることもあります。

【対処法】特に成長期の個体でなりやすい病気なので、餌へのカルシウムの添加や、ケージ内にカルシウム剤を常設するなどして、カルシウムを適切に摂取させるようにします。ヒョウモントカゲモドキ自らビタミンDを合成できる環境にない場合には、ビタミンD_3が添加されているカルシウム剤やカルシウムとともに、ビタミンD_3が含まれている総合ビタミン剤を餌に添加することで、本症を予防します。

　本症が疑われる場合には、動物病院にてレントゲン検査などを行い診断します。食欲が認められる場合には、餌へのカルシウム剤、あるいはビタミンD_3入りカルシウム剤を添加して治療します。この時、治療を焦って大量のカルシウムを投与すると、便秘を引き起こすことがあるので、注意しましょう。骨が固まるまでには時間がかかるので、焦らずに状態を改善させていきます。

　低カルシウム血症などを引き起こし食欲がない場合など、より重篤な症状を示している場合には、無理に経口的にカルシウム剤を摂取させずに、食欲が戻るまでは、カルシウムを含む輸液を注射で投与し治療します。

　脊椎の損傷や麻痺、四肢骨の変形などを引き起こしてしまった場合、治療が成功したとしても、麻痺が改善されないこともあります。また、骨の変形が改善されることはありません。

病気やケガを予防するためのレオパ飼育書　**131**

G2）ビタミンの欠乏症

【原因】餌に含まれているビタミンの不足や、配合飼料や冷凍餌などの長期保存による酸化などによって引き起こされる可能性があります。ビタミンAは皮膚や粘膜の上皮組織の機能維持に重要です。配合飼料は人が作ったものなので、各種ビタミンやカルシウムが配合されていますが、昆虫を餌として与えている場合には、その昆虫の栄養状態によって、一部のビタミンやその他の栄養素が欠乏する可能性があります。また、総合ビタミン剤を餌に添加していたとしても、ヒョウモントカゲモドキは昆虫食の生き物なので、ビタミンAをカロテンとして供給するように作られた総合ビタミン剤では、効率良くレチノールに変換できずに、ビタミンAが不足してしまう可能性も考えられます。

ビタミンDを日光浴により自ら合成させることができない場合、餌に添加しなければ欠乏症が引き起こされることがあります。この他、ビタミンはその種類により、光や空気に触れることで酸化や分解されたり、紫外線で分解されるもの、水に溶けやすいものなどがあり、特に加工された餌では、適切な保存方法で保管し、また、適切な方法で給与しないと、製造時に添加されている量のビタミンを維持できなくなることがあります。

ビタミンA欠乏症：結膜炎や細菌感染を引き起こす原因となる。病気を引き起こさないためには、総合ビタミン剤の給与とともに、ビタミンAの供給方法にも注意する必要があるだろう

【症状】欠乏しているビタミンの種類によって、さまざまな症状が認められます。

ビタミンA欠乏症では、飼い主が気づきやすい症状として眼に異常が現れることがあり、ハーダー腺などの扁平上皮などに炎症が引き起こされ、眼分泌過剰や眼瞼結膜炎などが見られます。さらに、ヒョウモントカゲモドキが眼を気にして頻繁に舐めることで、二次性の細菌感染が引き起こされ、瞼を開くことができなくなったり、チーズ状の沈着物が眼を覆ってしまうこともあります。この状態で脱皮が起こると、瞼周辺の脱皮不全を引き起こします。ビタミンA欠乏症では、眼の異常のほか、重症になると全身の浮腫や腋下の浮腫、食欲不振などが引き起こされることもあります。

ビタミンDが欠乏すれば、腸からのカルシウムの吸収がうまく行われなくなり、仮にカルシウム剤を単体で与えていたとしても体に取り込まれるカルシウムが不足してしまうことがあります。この状態が続くと、成体では骨軟症、成長期のものではクル病と呼ばれる代謝性骨疾患が引き起こされます。

その他のビタミンにおいても、適切な給餌が行われなければ、欠乏症が引き起こされる可能性は否定できません。

【対処法】ビタミンA欠乏症では、レチノールとして、ビタミンAや総合ビタミン剤の投与を行います。食欲がある場合には、餌に添加するなど経口的に与えたほうが安全です。症状が重度の場合には、注射によりビタミンAを投与しますが、いずれの投与方法においても、過剰症を引き起こさないように注意が必要です。ビタミンD欠乏症においても、経口的に、あるいは注射などを用いて投与し治療します。

ビタミン欠乏症を予防するためには、特に昆虫を主食にしている場合には、総合ビタミン剤の添加を行うようにして、配合飼料などを与えている場合には、その保存方法や賞味期限に注意するようにします。総合ビタミン剤を添加する場合には、一部のビタミンでは過剰症を引き起こす危険性もあるので、それぞれの商品の使用説明をよく読み、適切な間隔で適切な投与量を与えるようにしましょう。

X ヒョウモントカゲモドキの病気

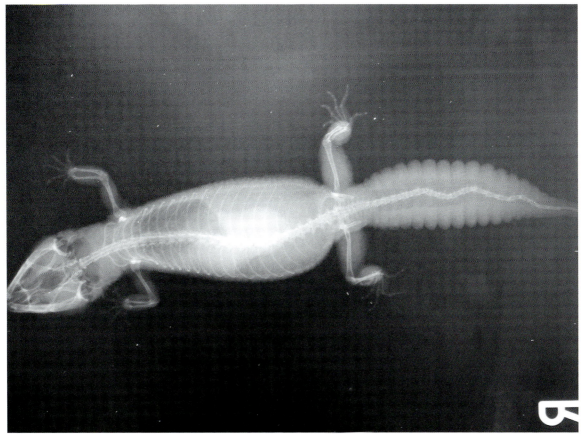

肥満①：肥満個体のレントゲン写真。腹部および尻尾の黒く見える部分が蓄えた脂肪

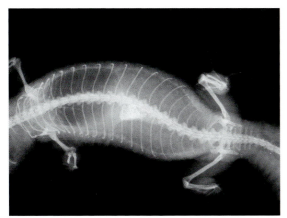

肥満②：肥満個体のレントゲン写真。腹部のほとんどを脂肪が占めている。ここまで脂肪を蓄えると、内臓を圧迫することで食欲不振や卵詰まりの原因となることもある

肥満③：腸内に溜まっている水。ライトを当てるとよく光を通す。お腹が膨らんでいるから太っているとは限らない

G3) 肥満

【原因】脂肪含有量の多い餌の多給のほか、餌の与え過ぎなどが原因で引き起こされます。特に幼体を購入して、成長期に餌を食べるだけ与えて育てていて、成長期が終わり成体になったにもかかわらず、そのまま好きなだけ毎日餌を与え続けた場合に、肥満になることがあります。

また、餌の与え過ぎと同時に、ケージが狭いなどにより運動不足が原因となって、肥満が引き起こされることがあります。

【症状】ヒョウモントカゲモドキは尾に脂肪を蓄えるとともに、体腔内にも下腹部骨盤部あたりから左右一対の脂肪の塊が確認できます。あまりにも体腔内に脂肪を蓄えると、消化管を圧

迫して、食欲が一時的に低下したり、便秘がちになることがあります。また、このような時に、無理に餌を食べさせると、吐き戻しが見られることもあります。メスでは産卵時に、脂肪の塊が邪魔をして、うまく卵が産めないこともあります。重度の肥満では、頭の大きさとあまり変わらないほどに尾が太くなり、下腹部も膨らみ、卵を持っていると勘違いする飼い主もいます。また、重度の肥満では両脇の部分にも脂肪の塊が確認できるものもいます。

【対処法】特に、成長期を過ぎた成体では、毎日餌を与えるのは控え、体格を見ながら餌の量を調節し、一日おきから1週間に2度程度餌を与えるようにしましょう。餌を与えるのが楽しくて毎日餌を与えたい場合には、一日に与える餌の量を極力少なくして、肥満を引き起こさないようにします。まずは、ヒョウモントカゲモドキの一般的に健康と考えられるプロポーションを維持するように努力し、それよりも尾が細くなってくるようならば、与える餌の量を増やすか餌を与える頻度を増やし、尾が太くなり過ぎたら、餌の量を減らすか、与える頻度を減らします。このようにしながら、適切な餌の量や給餌間隔を見つけていきましょう。

全身が太っていると飼い主が思っている場合でも、全身の浮腫が引き起こされていたり、床材などが大量に腸に詰まっていたり、卵詰まりを起こして、お腹が張っているだけということもあります。お腹はふっくらしているのに、尾が細くなっている場合では肥満ではないので、早急に動物病院で診察を受けましょう。脇のふくらみも、肥満だけでなく浮腫など病気により引き起こされていることもあるので注意しましょう。

卵詰まり①：抱卵しているメスのお腹。お腹がふっくらしている

卵詰まり②：抱卵しているメスの腹部。皮膚を通して卵が透けて見える

卵詰まり③：レントゲン写真。お腹に2個の卵が入っている

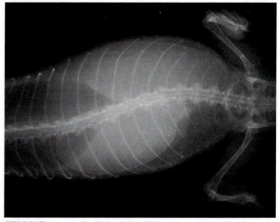

卵詰まり④：レントゲン写真。お腹の領域のほとんどを卵が占める

H 泌尿生殖器

H1）卵詰まり

【原因】適切な産卵場所が用意されていない場合や、低カルシウム血症が引き起こされている場合などで卵詰まりが引き起こされます。また、適切な温度が維持されていない場合や、母体の栄養状態が悪い場合、卵管の感染症、オスと同居させている場合には産卵の邪魔をされるなどが原因で産卵ができなくなることがあります。これらのほか、重度の肥満によって、体腔内に大量の脂肪が蓄えられている場合に、この脂肪が産卵の妨げになることがあります。母体の状態に問題はなく、環境が整っていたとしても、初産の時は卵をうまく産めないことがあるので注意が必要です。

メス単体での飼育でも、稀に無精卵を作ることがあるので、1匹で飼育しているから、卵を産まないということはありません。

【症状】交尾後、お腹が膨らんでいる状態が続いているにもかかわらず、産卵が認められず、元気や食欲がなくなり、尾が細くなってきた場合では、卵詰まりを疑います。卵詰まりを引き起こした場合、その状態を放置すれば、母体は衰弱して死に至るので、早急な対応が必要です。

卵を持つことは正常なことなので、どのタイミングをもって卵詰まりを起こしたと判断するのかは難しいといえます。このため、卵を作ったと思われる場合は、母体の状態をふだん以上に注意して観察する必要があります。

【対処法】正常な産卵を行うためには、母体の栄養状態が良く、適切な新陳代謝が維持されている必要があります。母体の状態とともに、適切な産卵場所を用意することが、卵詰まりの予防には重要です。卵詰まりは命に関わるので、卵詰まりが疑われる場合には様子を見ずに、動物病院で診察を受けるようにしましょう。レントゲン検査などにより、卵詰まりと診断された場合は、開腹手術により卵を取り出すか、陣痛促進剤やカルシウム剤を投与するなどして産卵を促します。また、他の問題や病気が原因で卵詰まりが引き起こされている場合には、それらの治療も同時に行っていきます。

H2）卵胞うっ滞

【原因】メスは、繁殖期になると卵巣にある卵胞が発達して卵黄を含む大きな成熟卵胞を作ります。成熟卵胞は排卵されて卵管内で卵になるか、排卵されない場合は、閉鎖卵胞となって徐々に卵黄は吸収されるため、本来であれば発達した成熟卵胞がそのまま残り続けることはありません。

形成された成熟卵胞が排卵されずに、また、吸収もされない状態が続いている場合、卵胞うっ滞と考えられます。卵胞うっ滞を引き起こす原因ははっきりとはわかりませんが、ホルモン分泌異常やストレス、卵胞の感染症などが引き金となって引き起こされることもあるようです。

【症状】成熟卵胞が複数存在する場合には、腹腔内の他の臓器を圧迫することにより、食欲不振や、細くて小さな便をするなどの症状が見られるようになります。また、成熟卵胞が長期間体内に存在している状態が続くと、日和見病原体による感染が起こり、卵胞の炎症が引き起こされることがあります。感染や炎症によって卵胞が破裂したり、卵胞の一部が破けて卵黄が体腔内に漏れ出ると、体腔炎が引き起こされ、より重篤な状態に陥ります。

【対処法】腹部が大きくなっているにもかかわらず、長期に及んで産卵の兆候が見られないもの、食欲不振などの症状が見られる場合には、動物病院で診察を受け、エコー検査やレントゲン検査などを行い診断します。食欲不振などの症状が長期に及んでいるなどの症状と、大きく発達した卵胞が長期間変化なく存在しているなどを総合的に評価し、卵胞うっ滞と診断された場合には、開腹手術により卵巣あるいは卵巣卵管摘出を行います。体腔炎を引き起こしているものでは、より慎重に治療を行う必要があります。症状が特に認められない場合には、飼育環境の改善などを行い、経過を観察する場合もあります。

性成熟に達したメスでは、産卵するかどうかにかかわらず、繁殖期に卵胞が発達すること自体は正常な反応なので、成熟卵胞が確認されただけでは、卵胞うっ滞と診断することはできません。症状も含め、総合的に判断する必要があります。

H3) ヘミペニス脱

【原因】交尾中に、メスが抵抗したり激しく動いた時などに、ヘミペニスを引っ込めるための筋肉などを傷めたり、ヘミペニスの感染や炎症などが原因で起こることがあります。また、低温環境への暴露や、栄養不良、衰弱などが原因で二次的に見られることもあります。

【症状】総排泄口から赤色の臓器が出ているように見えます。ヘミペニスは一対あるので、総排泄口のどちらか辺縁もしくは両端から脱出したヘミペニスを確認できることもあります。脱出したヘミペニスをそのまま放置すると、自ら気にして咬んでしまったり、ケージ内のシェルターなどで傷つけて出血することもあります。このような状態で長期間放置すると、二次感染を引き起こしたり脱出部が壊死することもあります。

【対処法】動物病院にて処置を行います。脱出した直後で、ヘミペニスに外傷や浮腫が認められない場合には、クロアカルサックへやさしく挿入して、元の位置に挿入します。その後、総排泄口の脱出した側のクロアカルサックの入り口を一糸縫合して、2週間くらい様子を見て抜糸します。抜糸後再び脱出してしまう場合には、ヘミペニスを切除します。また、脱出してから時間が経過して浮腫がひどい場合や外傷がある場合などで、クロアカルサック内へ戻せないと判断した場合には、脱出したヘミペニスを切除します。

ヘミペニスは一対あるので、どちらか一方のヘミペニスを切除した場合でも、交尾ができる確率はやや低くなりますが、残ったヘミペニスを用いて交尾は可能です。

H4) 卵管脱

【原因】産卵に関連して引き起こされることがあるほか、成熟卵胞が体内に存在している時など、繁殖期に引き起こされることが多いように思われますが、原因を特定するのは難しいと思われます。

卵管炎や低カルシウム血症などが原因で、引き起こされることもあります。

【症状】総排泄口から赤色の臓器が脱出しているのを確認することができます。ただし、総排泄口から脱出する可能性があるものとして、総排泄腔脱や直腸脱などもあるので、これらとの鑑別が必要です。

脱出した臓器をそのまま長時間放置すると、浮腫を引き起こしたり傷をつけて出血するなどの問題が引き起こされます。また、自ら咬みちぎってしまったり、床材が付着するなどして切れてしまうこともあるので、早急な対処が必要です。

【対処法】脱出を発見したら、すみやかに動物病院で処置を行います。動物病院へ連れて行くまでの間、脱出した臓器は乾燥しないようにワセリンなどを塗り、床材が付着している場合などはやさしく洗い流します。動物病院への移送は、濡れたキッチンペーパーなどを敷いて、脱出臓器の乾燥を防ぎます。

卵管は総排泄腔と異なり、総排泄口のすぐ内側にある臓器ではないので、原則的には開腹手術を行い、体腔内の元の位置へ整復するか、傷んだ部分を切除後、残った正常な組織を体腔内へ戻します。

卵詰まりや低カルシウム血症など、卵管脱を引き起こした原因が特定できた場合には、それらに対する治療も同時に行います。

ヘミペニス脱：片側のヘミペニスが脱出したままになっている

H5）高尿酸血症（痛風）

【原因】 ヒョウモントカゲモドキはタンパク質の最終分解産物を尿酸の形で腎臓から排泄します。このため、腎臓に障害があると血液中の尿酸値が上昇し、高尿酸血症が引き起こされる可能性が高くなります。また、腎障害以外に脱水や食餌内容などが高尿酸血症を引き起こす要因になると考えられます。高尿酸血症が引き起こされると、尿酸が体組織に沈着して、痛風が引き起こされます。

【症状】 内臓や皮下組織、関節やその周囲に白色の沈着物として尿酸の沈着が確認できます。特に、四肢の関節や指の関節に尿酸が沈着すると、痛風結節と呼ばれる関節部分に結節性の白い塊を表皮を通して肉眼でも確認できることがあります。関節以外にも、口腔内の粘膜に尿酸沈着による白斑が見られることもあります。痛風結節が形成されると、ヒョウモントカゲモドキは痛みから動くことを嫌います。

関節部分が白く腫れる以外には、元気がない・食欲がなくなるなどの症状が見られますが、痛風特有の症状というのはありません。また、尿酸沈着部分を気にして、壁に擦り付けたり、自らその場所を咬むなどの症状が見られたり、二次的に総排泄腔脱が見られることもあります。

【対処法】 動物病院にて診断を行います。白色の結節部分を吸引して、顕微鏡で尿酸塩結晶を確認したり、血液検査や、臨床症状から診断を行います。

脱水が原因で引き起こされていると考えられる場合には、まずは脱水の改善を行い、その他、状況に応じて抗炎症剤を投与したり、痛風治療薬の投与を行うなどして治療します。しかし、完治しないことも多く、投薬を続けながら尿酸値をコントロールして生活できる状態を維持していくこともあります。また、治療を行っても、重症の場合には死に至ることもあります。

関節部分に白色の結節ができている場合、細菌感染症のこともあるので、これらの鑑別が必要になります。また、皮膚にコブ状の白い塊ができる病気として、レモンフロストに見られる虹色素細胞腫という悪性腫瘍があります。

高尿酸血症①：右肘関節部分に痛風結節が認められる。皮下膿瘍との区別が必要

高尿酸血症②：股関節部分および後肢親指部分に尿酸の沈着が認められる（写真はイシヤモリ）

高尿酸血症③：高尿酸血症②個体の皮膚の下に白い尿酸の塊が確認できる

I 骨

I 1) 四肢の骨折
【原因】四肢の短いトカゲなので、四肢の骨折などはほとんど見られませんが、ケージの蓋に挟んでしまった場合や、逃げ出しそうになり慌てて掴んでしまった時、あるいは落下事故などにより、骨折を起こすことがあります。また、代謝性骨疾患により、骨が軟化して病的骨折が引き起こされることがあります。
【症状】足を引きずって歩く、変な方向に曲がっている、まったく力が入らず、足がぶらぶらしているなどの症状が認められます。
【対処法】動物病院にて、レントゲン検査を行い診断します。
　代謝性骨疾患が原因の場合には、その治療を優先します。アクシデントによる骨折の場合には、必要に応じて外固定などをして対処します。

I 2) 四肢関節の感染症
【原因】咬傷や外傷、血液を介して他の部位から波及するなどして、感染性の関節炎が見られることがあります。
【症状】関節部分が腫れて、患部の関節を動かすことを嫌ったり、重度の炎症から関節を動かすことができなくなります。細菌感染が進行すると骨髄炎や関節周囲の骨が細菌感染により溶けてしまうことがあります。
【対処法】動物病院にて、レントゲン検査や患部を吸引し、細菌培養を行うなどして診断します。感染症の初期であれば、抗生物質の投与で治療できることもありますが、感染が広範囲に広がってしまった場合には、足を切断しなければいけないこともあります。

I 3) 脊椎障害
【原因】代謝性骨疾患による骨の軟化から、脊髄の圧迫や脊椎の損傷が引き起こされることがあります。老齢個体では、椎骨の増殖性変化が起こると椎骨同士が繋がってしまい、柔軟な背骨の動きができなくなったりします。このような椎骨の癒合は同時に脊髄を圧迫することがあり、また、このような個体を無理に触ったり動かそうとすると、癒合した部分の骨折が引き起こされることがあります。このほか、落下事故では、落下時の体の向きによっては脊椎損傷が引き起こされることがあります。
【症状】四肢の麻痺や尾の麻痺、排泄ができなくなるなど、傷害部位により症状が異なってきます。一般的に、損傷部位よりも頭側では正常な反応が見られ、損傷部位より尾側に麻痺などの症状が見られます。
　代謝性骨疾患が原因で脊椎が変形した場合には、本来まっすぐであるべき背骨が、「へ」の字型に曲がっているように見えたり、波打っているように見えることがあります。
【対処法】できる限り早急に動物病院にて診察を受けます。治療期間中は、広いケージで飼育している場合には、できる限り動き回らないように、少し小さめのケージに移して管理するようにします。また、ケージ内にレイアウトグッズなどを入れている場合には、それらを全て取り出して、平坦な環境で管理します。治療を開始しても麻痺が改善されないこともあり、回復の程度は損傷の程度や治療開始時期によりさまざまです。自力で排泄できないものでは、介助して排泄させる必要があります。
　代謝性骨疾患が原因の場合には、それらの治療も同時に行います。

J 消化器

J 1) 下痢
【原因】下痢や消化不良を引き起こす原因はさまざまです。
　餌に関連した問題としては、傷んだ餌の給与や食べさせ過ぎなどが挙げられます。特にドライフード・冷凍餌および冷蔵のフードなどは保存法に注意しないと傷むことがあり、下痢や嘔吐、食欲不振の原因になります。寄生虫に関連したものとして最も注意が必要なのはクリプトスポリジウム症で、嘔吐や下痢、未消化便などが認められます。また、蟯虫の多数寄生においても、稀に軟便などが見られることがあるようです。低過ぎる飼育温度など、不適切な温度管理も消化がうまく行われなくなり、食欲不振や下

痢を引き起こす原因になります。また、急に餌の種類を変えた時にも下痢が見られる場合があります。この他、細菌感染、中毒、ストレスなど、さまざまな問題から下痢が引き起こされます。

【症状】形のない便を排泄し、未消化物が混じったり、激しい腸炎などが引き起こされている場合には、大量の粘膜が混じったり、血便が見られることもあります。下痢が長引くと、脱水を

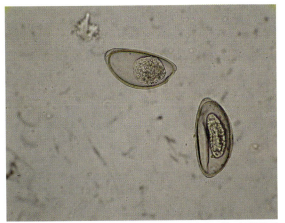

下痢①：蟯虫卵。蟯虫感染ではあまり症状は認められないが、大量寄生では軟便などの症状が認められることもある

下痢②：慢性的に下痢が続き重度に痩せた個体。クリプトスポリジウム症が疑われる

下痢③：吐き戻されたコオロギ。消化器疾患では下痢や未消化便のほか、吐き戻しが認められることもある

下痢④：水様下痢便。このような状態では激しい腸炎などが引き起こされている可能性があり、脱水が引き起こされる可能性もある

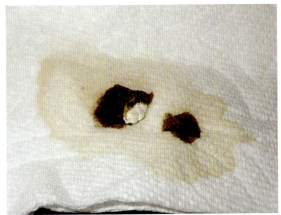

下痢⑤：下痢便。通常のヒョウモントカゲモドキの便は、形のある固形便なので、このような便が認められた場合は消化器系に何らかの問題が引き起こされている可能性がある

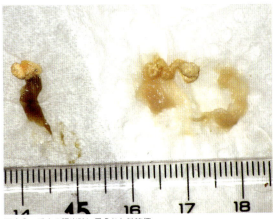

下痢⑥：重度の腸炎時に見られた粘液便

引き起こし、飲水量が増えることもあります。中毒や傷んだ餌を食べた場合には、それらを与えた直後や翌日あたりから食欲がなくなり下痢や未消化便のほか、吐き戻しなどの症状が見られたり、中毒の場合には消化器障害以外にも神経症状などが見られることもあります。

【対処法】 下痢の原因はさまざまなので、動物病院にて糞便検査を含めて診断を行い、それぞれの原因に対して治療を行います。また、消化管に対する治療を行うとともに、飼育環境や餌に問題がある場合には、それらを改善する必要があります。

下痢や吐き戻しのある個体で問題となることが多く厄介な病気に、クリプトスポリジウム症があります。クリプトスポリジウム症では、慢性の腸炎などを引き起こし、多くの場合慢性下痢や未消化便、嘔吐などが見られます。餌を食べていたとしても本来脂肪を蓄えてふっくらしているべき尾が、干物のように細くなります。元気もなくなり眠っていることが多くなるなどの症状が認められ、骨と皮しかないような痩せた状態になっても、ある程度の期間生き続けることもあります。クリプトスポリジウム症は宿主である個体の体力やストレス、年齢などの身体状況によって重篤な症状を示す場合やまったく症状を示さないこともあります。ふだん症状を示していない個体であっても、環境の変化などのストレスや産卵などに伴う体力の消耗が引き金となって、症状が現れることもあります。今のところ、この寄生虫を確実に駆除できる効果的な治療薬が存在しないことから、感染が疑われる個体の導入は避けるべきです。また、クリプトスポリジウムは、消化管上皮細胞に侵入して生殖を行い、オーシストと呼ばれるものを作って、これが糞便とともに排泄されて、このオーシストを別の個体が摂取することで、経口的に感染します。個別に複数飼育している場合には、各個体の世話をしたらその都度手を洗い、ケージや餌皿などは使い回さないようにして、餌の食べ残しなども他の個体には与えないようにするなどして、感染が広がるのを防ぎましょう。

J2）脱腸

【原因】 腸炎やそれに伴う下痢、消化管内異物や便秘による激しい息み、結腸内に潰瘍などの異常が認められる場合などで、脱腸が引き起こされることがあります。このほか、栄養不良などにより引き起こされることもあります。

【症状】 総排泄口から赤い臓器の脱出が認められます。時間の経過とともに浮腫を引き起こしたり、傷つけて出血が引き起こされることもあります。

総排泄口からは、卵管、総排泄腔、ヘミペニスなども脱出することがあるので、これらとの鑑別が必要です。

【対処法】 脱出が認められたら、湿らせたキッチンペーパーを敷いたり、ワセリンなどを塗って脱出臓器の乾燥を防ぎ、早急に動物病院で診察を受けるようにします。

脱出臓器は総排泄口から元の位置に整復できるのであれば整復し、また、開腹手術により元の位置へ整復しなければいけないこともあります。脱出臓器への対処とともに、脱出を引き起こした原因を追究し、その原因に対する治療を行うことが重要です。

J3）異物摂取

【原因】 ヒョウモンカゲモドキでは、特に床材の摂取が見られます。少量の摂取では、問題なく消化管を通過して排泄されますが、大量に摂取した場合には、腸閉塞などを引き起こします。ヒョウモンカゲモドキでは、餌のにおいが付いている場所や、自らの排泄物のにおいが付いている場所の床材を空腹時などに意図的に大量に食べてしまうことがあり、特に細かな砂状や粒状の床材を使用する際には注意が必要です。

【症状】 食欲不振や排泄がなくなるなどの症状が見られます。大量の床材が腸内に停滞すると、餌を食べていないにもかかわらず、腹部だけは膨らんで見えます。この状態を放置すると、尾が痩せてきているにもかかわらず、胴体部分だけは体形が変わらずふっくらしているように見えるため、飼い主は卵を持っていると思ったり、単なる一時的な拒食と思い、対応が遅れてしまうこともあります。

息みが見られる場合には、常に排泄口周囲が尿酸で汚れているにもかかわらず、排便が認められない状態が続きます。

【対処法】飼育しているヒョウモントカゲモドキの口に入ってしまうサイズの床材を敷いている場合には、定期的に排泄物を潰して、床材がどの程度混じっているのか確認しましょう。特に細かな床材ほど、摂取してしまう可能性が高くなります。これと同時に生餌などをケージに放して与えている場合には、採食時に誤って床材を食べてしまっていないか日ごろから注意して観察しましょう。もしも、排泄物中に大量の床材が混じっている場合などでは、現在使用している床材の使用を中止し、呑み込めないほどの大きさのものに変えるか、キッチンペーパーなど、間違って食べる可能性の低いものに変更します。

床材などが詰まっている可能性がある場合には、動物病院で診察を受けましょう。治療としては内科的治療のほか、消化管に大量の床材が詰まって、自力では排泄できない場合などには、開腹手術により取り出すこともあります。

異物摂取①：大きな床材を摂取した個体。腹部の皮膚の一部が腸内の床材によって突出している

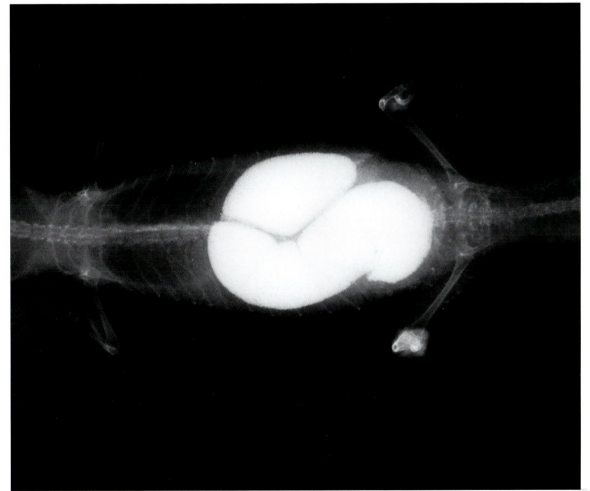

異物摂取②：床材として敷いていた砂を大量に摂取した個体のレントゲン写真。お腹の部分の白く見える場所は全て食べた砂

病気やケガを予防するためのレオパ飼育書

K 呼吸器

K1）呼吸器感染症

【原因】気管支炎や肺炎は、ヒョウモンカゲモドキでは、それほど多い病気ではありません。異物の誤嚥や細菌感染などが原因として考えられます。声門周囲の炎症や感染症が単独、あるいは口内の感染症とともに見られることもあります。

【症状】苦しそうに口を開けて呼吸をしたり、胸部を大きく広げたりするなどの努力呼吸が見られることがあります。このほか、吐き戻しや食欲不振、元気がなくなるなどの症状も認められます。

【対処法】動物病院にて、レントゲン検査などを行い診断し、治療を行います。

L 他

L1）腹壁ヘルニア

【原因】消化管の床材詰まりや卵詰まりなどに起因する激しい息みなどが原因で腹筋が裂け、その裂孔から、腸や卵管、脂肪などの体腔内臓器が皮膚の下に脱出します。特に肥満個体において発生しやすいように思われます。通常の生活を行っているだけでは腹筋が裂けることはあまりありませんが、腹筋が脆弱化していたり過剰な腹圧上昇により、ヘルニアが引き起こされます。

【症状】突然、腹部の一部にこぶができたような突出を認めます。ヘルニアが引き起こされてから、その状態を放置すると、さらに腹筋が裂け、ふくらみが大きくなることもあります。

【対処法】動物病院にて処置を行います。消化

腹壁ヘルニア①：体内に蓄えられた脂肪の一部が、腹筋が裂けて皮膚の下に出てしまっている

X ヒョウモントカゲモドキの病気

管内に床材停滞などがある場合には、息みの原因を除去し、脱出した臓器を体腔内に戻し、裂けた腹筋を腹膜とともに縫合し閉鎖します。腹筋が広範囲に脆弱化している場合には、縫合閉鎖しても、再度別の部分が裂けてしまうこともあります。また、重度の肥満が原因で、体腔内へ臓器を戻しても腹筋に圧力がかかってしまう場合には、一対あるうちのどちらか一方の脂肪体を除去して、腹腔内の空間に余裕を持たせた後、縫合することもあります。

L2) 奇形
【原因】孵卵時の温度や湿度管理に問題があった場合や遺伝的な異常などにより、さまざまな奇形が発生することがあります。また、自切後再生した尾の先端が2つに分かれるなど、再生後に尾の奇形が見られることもあります。
【症状】指の数の異常や瞼の異常、眼球の異常など、さまざまな異常が確認されます。瞼に奇形がある場合では、瞼をうまく閉じられないこ

腹壁ヘルニア②：広範囲に腹筋が裂け、成熟卵胞や腸などの体腔内臓器が皮膚を通して確認できる

腹壁ヘルニア③：突然お腹の一部あるいは広範囲が飛び出しているように見えることで、飼い主が気づくことが多い

とから、角膜炎や結膜炎が見られることがあり、口唇部に一部欠損がある場合などでは、その部位の口腔粘膜が乾燥してしまうことで、炎症が引き起こされることがあります。四肢の異常では、うまく歩けないなどの障害が見られることがあり、脊椎に異常がある場合では、幼体のうちは症状が認められなくても、成長するとともに脊髄神経が圧迫されるなどして、足を引きずるなど神経麻痺の症状が引き起こされることもあります。

【対処法】大きな問題を抱えている場合に、成体になれずに死んでしまうものもいますが、瞼の異常など生活に支障のない程度の奇形の場合には、対症療法を行うなどして対処します。

奇形：自切後、二股に分かれて再生した尾

L3）自咬症

【原因】原因はさまざまで、高尿酸血症による痛風結節など、痛みのある部分や違和感のある部分を気にして咬んだり、下半身不随などの障害があるものでは、脱皮時に脱皮片とともに感覚のない麻痺している部分を齧ってしまうことがあります。

【症状】自らの体を傷つけるほどに激しく噛むこともあり、ひどい場合、皮膚が裂け、尾を咬み切ったり、指を欠損することもあります。何度も同じ場所を咬むことで、その部分の皮膚が壊死することもあります。自らの体を齧るので、四肢および尾あるいは下腹部に咬傷が見られます。

何らかの理由で一度傷ができると、その部位の痛みや違和感から咬み始め、咬むことでさらにその部位に刺激が加わり、再度咬むということが繰り返されることがあります。

【対処法】原因となる病気がある場合には、それらの治療が重要です。傷がひどい場合には、動物病院で治療を行います。

自咬傷①：尾を自ら咬むことでできた傷

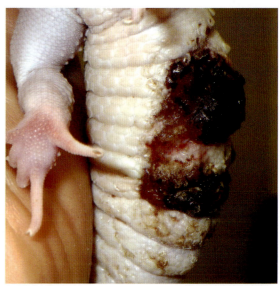
自咬傷②：皮膚が裂けるほどに咬み続け、尾を自切してしまうこともある

L4）体腔内での出血

【原因】突発的に体腔内で出血が起きて、大量の血液がお腹の中に溜まってしまうことがあります。メスでは、卵管内で出血が起こることもあります。

体腔内出血の原因としては、腫瘍や動脈瘤、卵巣嚢腫など非外傷性の原因で引き起こされる

場合と、血管損傷や腸間膜損傷などの外傷が原因で引き起こされる場合があります。卵管内出血の原因としては、腫瘍や炎症による出血のほか、内分泌機能障害などが原因で引き起こされることがあります。ただし、いずれの場合も出血の原因が特定できないこともあります。

【症状】突然元気がなくなり、皮膚を通してお腹の中全体が赤黒く見えるようになります。突発的に引き起こされ、お腹が赤黒くなると同時に、循環血液量が少なくなるため、本来ピンクから赤色をしている口腔粘膜が蒼白になります。多くの血液が体腔内や卵管内に溜まることで、お腹が膨らんだように見えることもあります。大量の出血が起こるとショックを引き起こし、そのまま死に至ることもあります。

【対処法】動物病院にて診察を行い、止血剤の投与など適切な処置を行うようにしましょう。

体腔内での出血：黒く見える腹部。皮膚を通して体腔内に溜まった血液を確認することができる

L5）尾の自切

【原因】飼い主が誤って尾を掴んでしまったり、蓋などで尾を挟んでしまった場合に、尾を自切することがあります。また、高尿酸血症などにより尾が激しい痛みに襲われた時などには、尾に直接触るなどの刺激を加えなくても、自切することがあります。

【症状】尾は根元から切れる場合も、中間で切れることも、先端部分だけが切れることもあり、必ず同じ場所が切れるというわけではありません。切れた尾はしばらく動き続けますが、病院へ持って行っても、再度付けることはできません。

【対処法】自切した場合は、消毒や切断面の縫合などは必要ないので、そのままにしておきましょう。時間とともに筋肉などが見えている切断面は小さくなり、最終的には皮膚で覆われた後、尾が再生してきます。ただし、元どおりの形の尾に再生するわけではなく、多くは太くて短い尾になります。

何らかの病気が原因となって、自切が引き起こされた場合には、原因となった問題を解決するする必要があります。自切した尾を病院へ持っていったとしても、再度縫合して付けることはできません。

自切後に再生した尾。本来の尾よりも太短い

L6）運動失調・回転などの神経障害

【原因】感染症、外傷、チアミン欠乏症などの栄養障害、中毒、腫瘍などさまざまな原因で脳前庭系や内耳などの異常が引き起こされ、神経障害が見られることがあります。また、単に痛みによる反応として、これらの症状が見られることもあります。

【症状】同じ方向にくるくる回ったり、まっすぐ歩行できずに、体をひねってひっくり返ってしまうなどの症状が見られます。左右の瞳孔の大きさが異なっていたり、頭が傾く、自分の体を咬むなどの症状が見られることもあります。

【対処法】原因を追究し、それぞれに対応した治療を行いますが、治療を行っても症状が改善されないこともあります。早い段階で治療が行われれば、改善が見られる可能性が高くなる場合もあるので、できるだけ早急に動物病院で診察を受けましょう。

XI
ヒョウモントカゲモドキの品種

ヒョウモントカゲモドキは、世界各地のブリーダーのもとでさまざまな品種（モルフ）が作出され、爬虫類専門店や関連イベントで見かけることができます。各モルフごとの詳しい情報は、「フォトガイド ヒョウモントカゲモドキ」「ヒョウモントカゲモドキ完全飼育」（誠文堂新光社）や「レオパのトリセツ」（クリーパー社）に記載されているので、ここでは一般的な品種の写真を中心に紹介しました。なお、添えてある名前は販売時のモルフ名です。お気に入りの1匹を見つけられるよう、個体選びの参考になれば幸いです。

アフガン　　ファスキオラータス　　ハイイエロー　　タンジェリン　　インフェルノ

スーパーハイポタンジェリン　　スキットルズ　　アトミック　　ラベンダータンジェリン　　エメリン

タンジェリンアルビノ（幼体）　スミブラックタンジェリンバンディット（幼体）　サングロー（幼体）　ブレイジングブリザード（幼体）

ファントム　アプター　ラプター　レーダー　タイフーン（幼体）

マックスノーアルビノ（幼体）　スーパーマックスノーベルアルビノ　スーパーマックスノーホワイトアンドイエロー　トータルエクリプス　ユニバース

XI ヒョウモントカゲモドキの品種

ヒョウモントカゲモドキの健康と病気

マキュラリウス　Macularius

モンタヌス　Montanus

ファスキオラータス
Fasciolatus

アフガン
Afghan

XI ヒョウモントカゲモドキの品種

ハイイエロー
High Yellow

タンジェリン
Tangerine

アトミック
atomic

Single Morph

ヒョウモントカゲモドキの健康と病気

インフェルノ
Inferno

スキットルズ
Skittles

タンジェリントルネード
キャロットテール
Tangerine tornado carrot tail

Single Morph

XI ヒョウモントカゲモドキの品種

ハイポタンジェリン
Hypo Tangerine

スーパーハイポタンジェリン
Super Hypo Tangerine

エメリン
Emerine

ヒョウモントカゲモドキの健康と病気

トレンパーアルビノ（幼体）
Tremper Albino

ベルアルビノ
Bell Albino

レインウォーターアルビノ
Rainwater Albino

Single Morph

XI ヒョウモントカゲモドキの品種

TUGスノー
TUG Snow

マックスノー
Mac Snow

スーパーマックスノー
Super Mac Snow

Single Morph

ヒョウモントカゲモドキの健康と病気

ストライプ
Stripe

ボールドストライプ
Bold Stripe

バンディット
Bandit

XI ヒョウモントカゲモドキの品種

レッドストライプ
Red Stripe

マーフィーパターンレス
Murphy Patternless

ブリザード
Blizzard

病気やケガを予防するためのレオパ飼育書 **157**

ヒョウモントカゲモドキの健康と病気

Single Morph

エニグマ
Enigma

ホワイトアンドイエロー
White & Yellow

エクリプス
Eclipse

Combo Morph

XI ヒョウモントカゲモドキの品種

スーパージャイアントアルビノ
Super Giant Albino

タンジェリンアルビノ
Tangerine Albino

パターンレスアルビノ
Patternless Albino

病気やケガを予防するためのレオパ飼育書

ヒョウモントカゲモドキの健康と病気

リバースストライプアルビノ
Reverse Stripe Albino

アルビノエメリン
Albino Emerine

アルビノバンディット
Albino Bandit

XI ヒョウモントカゲモドキの品種

タンジェロ
Tangelo

タンジェロアルビノ
Tangelo Albino

タンジェロエメリン
Tangelo Emerine

Combo Morph

ヒョウモントカゲモドキの健康と病気

Combo Morph

サングロー
Sunglow

ベルサングロー
Bell Albino Sunglow

サングローエメリン
Sunglow Emerine

XI ヒョウモントカゲモドキの品種

ベルアルビノサングロー
Bell Albino Sunglow

ベルアルビノレッドストライプ
（幼体）
Bell Albino Redstripe

ベルアルビノマックスノー
Bell Albino Mac Snow

ヒョウモントカゲモドキの健康と病気

レインウォーターアルビノ
タンジェリン
Rainwater Albino Tangerine

レインウォーターアルビノ
マックスノー
Rainwater Albino Mac Snow

レインウォーターアルビノ
マーフィーパターンレス
Rainwater Albino Marphy Patternless

Combo Morph

XI ヒョウモントカゲモドキの品種

ブレイジングブリザード
Blazing Blizzard

ファントム
Phantom

アプター
APTOR

ヒョウモントカゲモドキの健康と病気

ラプター
RAPTOR

スーパーラプター
Super RAPTOR

ラプターダイオライト
RAPTOR Diolite

XI ヒョウモントカゲモドキの品種

ホワイトアンドイエローラプター
White & Yellow RAPTOR

マックスノーベルアルビノ
Mac Snow Bell Albino

マックスノーラプター
Mac Snow RAPTOR

Combo Morph

マックスノーリバースストライプ（幼体）
Mac Snow Reverse Stripe

レーダー
RADER

エメリンレーダー
Emerine RADER

Morph

XI ヒョウモントカゲモドキの品種

マックスノーレーダー
Mac Snow RADER

レーダーリバーストライプ
RADER Reverse Stripe

レーダーエニグマ
RADER Enigma

病気やケガを予防するためのレオパ飼育書 **169**

ヒョウモントカゲモドキの健康と病気

Combo Morph

サングローレーダー
Sunglow RADER

スーパースノーレーダー
Super Snow RADER

スーパーレーダー
Super RADER

XI ヒョウモントカゲモドキの品種

エメリンスーパータンジェロ
Emerine Super Tangero

タイフーン
Typhoon

スーパータイフーン
Super Typhoon

ヒョウモントカゲモドキの健康と病気

マックスノーアルビノ
Mac Snow Albino

マックスノーホワイトアンドイエロー
Mac Snow White & Yellow

スーパーマックスノーアルビノ
(幼体)
Super Mac Snow Albino

Combo Morph

XI ヒョウモントカゲモドキの品種

スーパーマックスノーベルアルビノ
Super Mac Snow Bell Albino

スーパーマックスノーブリザード
Super Mac Snow Blizzard

ブレイジングブリザード（幼体）
Blazing Blizzard

病気やケガを予防するためのレオパ飼育書

ヒョウモントカゲモドキの健康と病気

スーパーマックスノー
ブレイジンブリザード
Super Mac Snow Blazing Blizzard

スノーブリザード
Snow Blizzard

アルビノブリザードエクリプス
Albino Blizzard Eclipse

XI ヒョウモントカゲモドキの品種

スーパーマックスノーラプター
Super Mac Snow RAPTOR

Combo Morph

ダイオライトスノー
Diolite Snow

トータルエクリプス
Total Eclipse

ヒョウモントカゲモドキの健康と病気

Combo Morph

アルビノギャラクシー
Albino Gallaxy

パイドギャラクシー
Pied Galaxy

ユニバース
Universe

XI ヒョウモントカゲモドキの品種

パイドユニバース
Pied Universe

スーパーマックスノータイフーン
Super Mac Snow Typhoon

ディアブロブランコ
Diablo Blanco

ヒョウモントカゲモドキの健康と病気

スーパーマックスノー
ディアブロブランコ
Super Mac Snow Diablo Blanco

ホワイトナイト
White Knight

ビー（幼体）
Bee

ノヴァ
Nova

エンバー
Ember

ドリームシクル（幼体）
Dreamsickle

ヒョウモントカゲモドキの健康と病気

Combo Morph

ホワイトアンドイエロー
ドリームシクル
White & Yellow Dreamsickle

クリスタル
Cristal

サイクロン
Cyclone

XI ヒョウモントカゲモドキの品種

スーパーサイクロン
Super Cyclone

ステルス
Stealth

スーパーステルス
Super Stealth

ヒョウモントカゲモドキの健康と病気

リバースストライプステルス
Reverse Stripe Stealth

ソナー
Sonar

エニグマアルビノ
Enigma Albino

XI ヒョウモントカゲモドキの品種

スノーエニグマ
Snow Enigma

マックスノーエニグマ
Mac Snow Enigma

マックスノージャングル
ファイアウォーター
Mac Snow Jungle Firewater

Combo Morph

ヒョウモントカゲモドキの健康と病気

タンジェリンエニグマ
Tangerine Enigma

ブラッドタンジェリンエニグマ
Blood Tangerine Enigma

レッドアイエニグマ
Redeye Enigma

Combo Morph

XI ヒョウモントカゲモドキの品種

ブラッドレッドスノーストライプ
エニグマレッドアイ
Blood Red Snow Stripe
Enigma Redeye

ベルサングローレッドアイエニグマ
Bell Sunglow Redeye Enigma

ホワイトアンドイエローラプター
White & Yellow RAPTOR

ヒョウモントカゲモドキの健康と病気

ホワイトアンドイエローエクリプス
（幼体）
White & Yellow Eclipse

ホワイトアンドイエロー
スーパーマックスノー
White & Yellow Super Mac Snow

ホワイトアンドイエロー
エニグマ
White & Yellow Enigma

Combo Morph

XI ヒョウモントカゲモドキの品種

ホワイトアンドイエロー
サイクスエメリン
White & Yellow Sykes Emerine

ホワイトアンドイエローレーダー
(幼体)
White & Yellow RADER

ホワイトアンドイエロー
スノーレーダー
White & Yellow Snow RADER

Combo Morph

ホワイトアンドイエロー
ベルスノーグロー（幼体）
White & Yellow Bell Snowglow

マックスノー
ホワイトアンドイエロー
Mac Snow White & Yellow

アビシニアン
Abyssinian

XI ヒョウモントカゲモドキの品種

ウッドブラウンアルビノ（幼体）
Wood Brawn Albino

ブラッドサッカー（幼体）
Bloodsucker

オーロラ
Aurora

ヒョウモントカゲモドキの健康と病気

Combo Morph

オーロラサングロー（幼体）
Aurora Sunglow

クリームシクル
Cremesicle

クリームシクルエニグマ
Cremesicle Enigma

XII 参考・引用文献

- Fry FL,1991.
  Biomedical and Surgical Aspects of Captive Reptiles Husbandry,2 nd ed.,Kreiger Publishing
- Marcus LC ,1981.
  Veterinary Biology and Medicine of Captive Amphibians and Reptiles, Lea& Febiger
- Simon J.Girling,2004.
  BSAVA Manual of Reptiles Second edition,British Small Animal Veterinary Association
- 海老沼剛　2013.
  ヒョウモントカゲモドキ、誠文堂新光社
- 海老沼剛　2017.
  ヒョウモントカゲモドキ完全飼育、誠文堂新光社
- 石附智津子　2017.
  レオパのトリセツ、クリーパー編集部
- 小家山仁　2008.
  爬虫類の病気ハンドブック、アートヴィレッジ
- 村田浩一、楠田哲士　監訳　2011.
  動物園学、文永堂出版
- 村田浩一、楠田哲士　監訳　2014.
  動物園動物管理学、文永堂出版
- Go!! Suzuki 2017.
  トカゲモドキ属の分類と自然史（前編）クリーパー No77、クリーパー社
- 疋田努　2002.
  爬虫類の進化、東京大学出版
- 中村健二、松井正文　1988
  動物系統分類学9（下B1）脊椎動物（Ⅱb1）爬虫類、中山書店
- 川端輝江　2012.
  しっかり学べる！栄養学、ナツメ社

Special thanks：高松雪乃

写真協力：坂崎幸之助、船越真美子

撮影協力

アクアセノーテ、aLiVe、アンテナ、ESP、iZoo、岩田誠一、岩本妃順、エキゾチックサプライ、SGJAPAN、SBS、エンドレスゾーン、大谷勉、大津熱帯魚、オリュザ、Kaz' Leopa、カミハタ養魚、亀太郎、キボシ亀男、キョーリン、九州レプタイルフェスタ、小家山仁、ジェックス、サムライジャパンレプタイルズ、須佐利彦、スティーブ・サイクス、スドー、蒼天、高田爬虫類研究所、TCBF、どうぶつ共和国ウォマ＋、トロピカルジェム、永井浩司、熱帯倶楽部、野本尚吾、爬厨、爬虫類倶楽部、Herptile Lovers、プミリオ、ぶりくら市、ペットショップふじや、ホーリーブラッドレプタイルズ、松村しのぶ、安川雄一郎、やもはち屋、油井浩一、らいむ、リミックス ペポニ、レプタイルクリニック、レプタイルストアガラパゴス、Reptilesgo-DINO、レプティースタジオ、レプティリカス、レプレプ、ワイルドスカイ、ワイルドモンスター

［著］
小家山 仁（Hitoshi Koieyama）
1971年、東京都生まれ。1995年、日本大学農獣医学部（現生物資源科学部）獣医学科卒業。
レプタイルクリニック院長。

［編・写真］
川添 宣広（Nobuhiro Kawazoe）

イラスト／ほたる

デザイン・組版／Freedom

病気にさせない最適な飼育
ヒョウモントカゲモドキの健康と病気

2019年 4月12日　発　行　　　　　　　　　NDC666.9
2023年 2月13日　第 4 刷

著　者　　　小家山 仁
発行者　　　小川雄一
発行所　　　株式会社 誠文堂新光社
　　　　　　〒113-0033 東京都文京区本郷 3-3-11
　　　　　　電話 03-5800-5780
　　　　　　https://www.seibundo-shinkosha.net/

印刷・製本　　図書印刷 株式会社

©Hitoshi Koieyama.2019　　　　　　　　Printed in Japan

本書掲載記事の無断転用を禁じます。

落丁、乱丁本はお取り替えいたします。

本書の内容に関するお問い合わせは、小社ホームページのお問い合わせフォームをご利用いただくか、上記までお電話ください。

JCOPY 〈(一社)出版者著作権管理機構委託出版物〉
本書を無断で複製複写（コピー）することは、著作権法上での例外を除き、禁じられています。本書をコピーされる場合は、そのつど事前に、(一社)出版者著作権管理機構（電話 03-5244-5088／FAX 03-5244-5089／e-mail:info@jcopy.or.jp）の許諾を得てください。

ISBN978-4-416-61910-0